Gesundheit

und

weiträumige Stadtbebauung

Insbesondere hergeleitet aus dem Gegensatze von Stadt zu Land und von Mietshaus zu Einzelhaus, samt Abriſs der städtebaulichen Entwickelung

Berlins und seiner Vororte

Von

Th. Oehmcke

Regierungs- und Baurat a. D. in Gr.-Lichterfelde bei Berlin

Mit 8 Abbildungen und einem Plan

Springer-Verlag Berlin Heidelberg GmbH 1904

Sonder-Abdruck
aus der
„Deutschen Vierteljahrsschrift für öffentliche Gesundheitspflege“
XXXVI. Band 2. Heft

Additional material to this book can be downloaded from http://extras.springer.com

ISBN 978-3-662-32128-7 ISBN 978-3-662-32955-9 (eBook)
DOI 10.1007/978-3-662-32955-9

Inhalt.

Seite

Einleitung 1

Kapitel I.

Stadt und Land 3

1. Abschnitt:

Allgemeines 3

2. Abschnitt:

Statistik 8

a) Statistik der Sterblichkeit in Stadt und Land 8
b) Statistik der Wehrfähigkeit in Stadt und Land 14

3. Abschnitt:

Ursachen des Gegensatzes von Stadt und Land in bezug auf die leibliche Gesundheit 18

a) Klima 18
b) Luft 19
c) Die Nebel 23
d) Das Licht 23
e) Boden und Wasser 24
f) Städtische und ländliche Lebensweise 25

4. Abschnitt:

Wirkung des Gegensatzes von Stadt und Land auf die geistige Gesundheit und die sittlichen Zustände 26

Kapitel II.

Stockwerkhaus und Einfamilienhaus 31

1. Abschnitt:

Allgemeines und Statistisches 31

2. Abschnitt:

Leibliche Gesundheit 32

3. Abschnitt:

Geistige Gesundheit und sittliche Zustände 35

4. Abschnitt:

Bedingte Notwendigkeit des Stockwerkhauses und Verbesserung desselben . . 41

Kapitel III.

Seite

Die weiträumige Bebauung des Geländes beim Städtebau 42

1. Abschnitt:

Notwendigkeit der Weiträumigkeit 42

2. Abschnitt:

Mittel zur Durchführung der Weiträumigkeit und Stand der Durchführung in Berlin 45

a) Allgemeines über die Mittel 45
b) Bevölkerungsdichtigkeit Berlins 45
c) Baupolizei-Ordnung von 1887 47
d) Wachstum der Vororte Berlins 48
e) Verkehrsmittel 50
f) Wirkung der ergriffenen Maßnahmen zur Entlastung des Stadtinnern im einzelnen 53
g) Gestaltung der Vororte im einzelnen und Baupolizei-Ordnung für die Vororte von Berlin von 1892 54
h) Die Baupolizei-Verordnung für die Vororte von Berlin vom 21. April 1903 55
i) Die Eingemeindung der Vororte in Berlin 61
k) Die Parks, die öffentlichen Gärten und Schmuckplätze Berlins im Vergleich mit denen von London 61

Schlußbetrachtung. Über den Wert der Gesundheit 65

Einleitung.

Kennzeichnende Merkmale des abgelaufenen Jahrhunderts sind die Entstehung, sowie das unaufhaltsame Wachsen der Großstädte, welche Erscheinung in Deutschland namentlich in den späteren Jahrzehnten des Jahrhunderts von einer stärkeren Abwanderung der ländlichen Bevölkerung in die Städte begleitet ist. Als eine der Hauptursachen des Anschwellens der Großstädte ist die zu jener Zeit stattgehabte mächtige Entwickelung der Industrie anzusehen. Sie verschaffte sich eine Überlegenheit über das Handwerk, indem sie sich die schnellen Fortschritte der realen Wissenschaften zunutze machte und sich in umfassendem Maße der Mitarbeit wissenschaftlich vorgebildeter Kräfte bediente.

Für Industrie wie für Handwerk ist das Absatzgebiet maßgebend. Die Industrie braucht, um die kostbareren leitenden Kräfte bezahlen zu können, Großbetriebe und damit weite Absatzgebiete. Die überraschende Entwickelung der Verkehrsmittel war eine weitere Hauptursache des Emporblühens der Industrie und für die Zunahme der Großstädte. Der Handwerker war früher bei dem Absatze seiner Arbeiten vorwiegend auf seinen Wohnort beschränkt, wird auch jetzt bei den verbesserten Verkehrsmitteln sich seltener ein über seinen Wohnort und die nächste Umgebung hinausgehendes Absatzgebiet erobern.

Fast jeder Industriezweig stützt sich, sowohl was Warenerzeugung als was Warenverteilung angeht, auf zahlreiche, möglichst ihm räumlich nahe gelegene andere Industriezweige. Die für eine industrielle Entwickelung notwendige Ansammlung zahlreicher verschiedener Großbetriebe drängt aber auf die Bildung von Großstädten hin, in manchen Fällen und für gewisse Betriebe auch auf die Entstehung von Industriegegenden, welche mit Großstädten nach mancher Richtung hin ähnlich sind.

Das Anwachsen der Großstädte hat bisher schon den betreffenden Städteverwaltungen die größten Aufgaben gestellt und erfordert die volle Aufmerksamkeit der Landesverwaltungen. Dies Anwachsen ist für die Entwickelung der Wissenschaft der öffentlichen Gesundheitspflege in deren wesentlichsten Teilen erst der Anlaß geworden.

Auch die hier im nachfolgenden zu besprechenden Fragen einer weiträumigen und luftigen Anlage und Gestaltung der Städte haben ihre Bedeutung zum großen Teil erst durch das Anschwellen der Großstädte erhalten.

Um das Jahr 1800 gab es in dem Gebiete des jetzigen Deutschen Reiches nicht eine Stadt mit 200000 Einwohnern und nur zwei Städte mit mehr als 100 0000 Einwohnern, Berlin und Hamburg. Nach der Volkszählung von 1895 hatten dagegen nicht weniger als 28 Städte des Deutschen Reiches mehr als 100 000 Einwohner, welche Zahl sich 1900 sogar auf 33 erhöhte.

Die Einwohnerzahl von Berlin stieg von etwa 172 000 im Jahre 1800 auf 1 888 848 am 1. Dezember 1900. Sie hat sich in den letzten vier Jahrzehnten des Jahrhunderts vervierfacht. Die graphische Darstellung (Abb. 1) veranschaulicht dieses Wachstum des näheren.

Abb. 1.

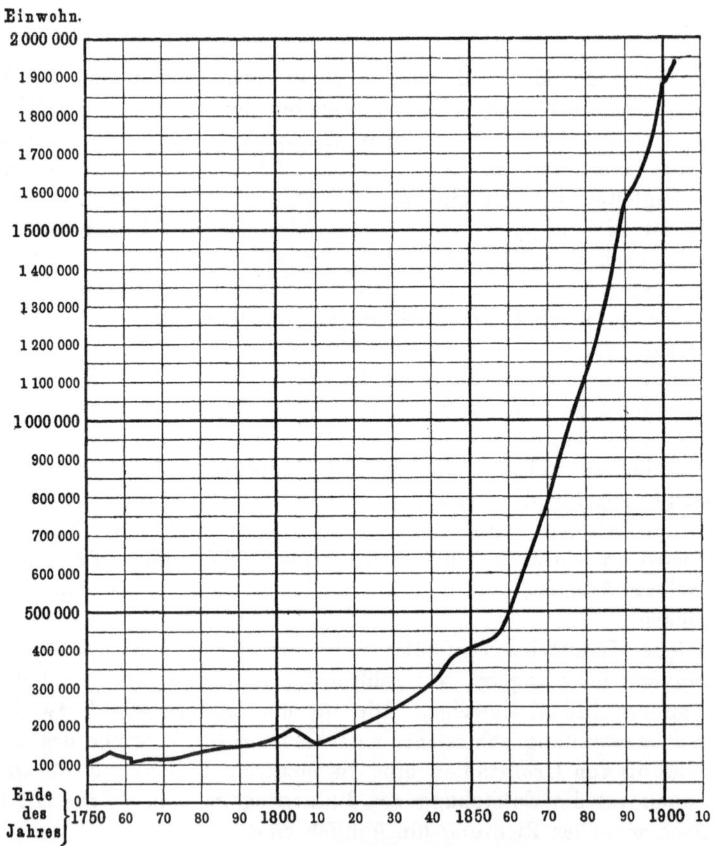

Anwachsen der Bevölkerung von Berlin.

London hatte 1801 958 000 Einwohner. Es gab in Großbritannien damals keine weitere Stadt mit mehr als 100 000 Einwohnern. Im Jahre 1901 zählte London deren 4 537 000 (mit Vororten 6 581 000), und gab es außerdem in Großbritannien vier Städte mit mehr als 500 000 Einwohnern.

Die eingangs erwähnte, mit dem schnellen Anwachsen der Großstädte einhergehende starke Abwanderung der Bevölkerung des platten Landes in die Städte ist für einige Staaten in Tabelle 1 ersichtlich gemacht. Diese Abwanderung ist im Deutschen Reiche besonders erheblich. Als eine bemerkenswerte, aus dieser Tabelle ersichtliche Tatsache erscheint uns das noch außerordentlich starke Überwiegen des ländlichen Anteils in der Bevölkerung der Vereinigten Staaten von Nordamerika.

Tabelle 1 (nach Rubner)[1]):

Staat	Jahr	Stadt Proz.	Land Proz.
Deutsches Reich	1871	36·1	63·9
	1890	47·0	53·0
Frankreich	1851	25·5	74·5
	1886	36·0	64·0
England	1891	71·7	28·3
Vereinigte Staaten von Nordamerika	1840	8·5	91·5
	1890	23·1	70·9 (76·9?)

Nach Ballod a. a. O., S. 36 hatte von 1875 bis 1895 in Preußen die Bevölkerung der Landgemeinden um etwa 11·5 Proz., die der Städte um 47 Proz. zugenommen. Die Stadtbevölkerung betrug 1875 34·7 Proz. der Gesamtbevölkerung, 1895 40·7 Proz. derselben.

Die landwirtschaftliche Bevölkerung, welche nicht mit der ländlichen Bevölkerung zusammenfällt, machte in Preußen 1867 48·85 Proz., 1882 42 Proz., 1895 nur noch 36 Proz. der Gesamtbevölkerung aus.

Kapitel I. Stadt und Land.

1. Abschnitt. Allgemeines.

Zwei Anhaltspunkte wollen wir für die Hervorhebung des hygienischen Gegensatzes der dichten Bebauung unserer städtischen Wohnplätze einerseits und des weiträumigen städtischen Anbaues anderseits benutzen, nämlich zuerst die Gegenüberstellung des gesundheitlichen Einflusses des Wohnens in der Stadt und desjenigen auf dem Lande, sodann zweitens die Gegenüberstellung des gesundheitlichen Einflusses des Wohnens in einem großstädtischen Mietshause und des Wohnens in einem Einfamilienhause. Der Gegensatz zwischen dem Wohnen in der Stadt und demjenigen auf dem Lande, sowie der Gegensatz zwischen dem Wohnen in einem großen Mietshause und demjenigen in einem Einfamilienhause sind sehr ausgeprägte. Nach Klarlegung dieser Gegensätze wird es uns, wie wir hoffen, eher gelingen, die voneinander abweichenden Wirkungen des dichten und des weiträumigen städtischen Anbaues annähernd zutreffend darzustellen.

Beginnen wir mit dem Gegensatze von Stadt und Land. Derselbe soll uns indessen nur so weit beschäftigen, als es für die Behandlung unseres Hauptthemas wünschenswert ist. Wir haben uns daher im wesentlichen auf die Erörterung der äußeren Verhältnisse des Wohnens in der Stadt gegenüber dem Wohnen auf dem Lande zu beschränken, und soll der Unter-

[1]) „Hygienisches von Stadt und Land", a. a. O. (siehe Literaturverzeichnis am Schluß).

schied der städtischen und der ländlichen Berufe, der bezüglich seines hygienischen Einflusses ein sehr großer ist, nur kurz berührt werden.

Betrachten wir einen noch in etwas größerer Entfernung von einer Großstadt gelegenen, etwa neugegründeten Vorort, in dem Wasserleitung usw. noch fehlt, der aus mit Gärten eingefaßten Häusern von bescheidener Höhenentwickelung besteht, so werden die gesundheitlichen Verhältnisse in demselben von denen auf dem platten Lande nicht sehr verschiedene sein.

Wird dieser Vorort im Laufe der Zeit mit besserem Straßenpflaster, mit Wasserleitung und Kanalisation versehen, wird aber dieselbe landhausmäßige Art der Bebauung beibehalten, so werden die Gesundheitsverhältnisse dieses Vorortes bezüglich des Wohnens oft entschieden günstiger werden, als diejenigen auf dem platten Lande es sind.

Sehen wir uns dagegen einen näher an einer Großstadt gelegenen Vorort oder eine Vorstadt an, in welchen zwar eine weiträumigere Bebauung als im Stadtinneren festgehalten wird, jedoch das umfangreiche Mietshaus mit zahlreichen Stockwerken vorherrscht, so werden die Gesundheitsverhältnisse oft erheblich ungünstiger sein — selbst wenn auch Wasserleitung usw. hier schon ausgeführt sein sollten — als auf dem Lande. Für die Feststellung des Unterschiedes zwischen derartigen städtischen Wohnplätzen und dem Stadtinneren wird die Heranziehung des hygienischen Gegensatzes von Stadt und Land von beschränkterem Werte als im Falle vorher sein.

Für die Erörterung unseres Besprechungsvorwurfes Land und Stadt und der unterschiedlichen Einwirkung von Land und Stadt auf die Entwickelung der Widerstandsfähigkeit des Menschen gegen die Angriffe des Klimas und gegen die Angriffe der sozialen Schädlichkeiten ist es geboten, einen Blick auf die allmähliche Entwickelung der körperlichen und geistigen Eigenart der jetzigen Kulturvölker zu werfen. Reihen von Jahrtausenden hat es bedurft, bis der Jäger, der wegen des Kampfes gegen die dem einzelnen überlegene Tierwelt und gegen die menschlichen Bedroher seiner Jagdgebiete zu Horden sich zusammenschloß, zum Viehzüchter, und dieser nach langer Entwickelung [1]) zu dem schon geregeltere Gemeinschaften bildenden Ackerbauer wurde. Um sich vor Untergang zu bewahren, mußte der einzelne seine Leibes- und Geistesorgane derart ausbilden, wie es die genannten Berufe, auf die er allein angewiesen war, ihm geboten. Die vom einzelnen erworbenen Eigenschaften gingen durch Auslese und Vererbung in den Besitz der Rasse über und wurden zu für die Rasse kennzeichnenden.

Die Eigenschaften, welche die in Frage kommenden Völker sich durch diese genannten ländlichen Berufe, die auch vielfach nebeneinander ausgeübt wurden, erworben hatten, sicherten der Gattung auf lange hin ihren Bestand. Ganz unvermittelt änderte sich nun in neuester Zeit die Zusammensetzung der Volkskörper bezüglich der Berufe nach dem lange unveränderten Bestande. Große Teile der bis dahin fast ausschließlich ackerbautreibenden Bevölkerungen gingen zu städtischen Berufen über, und bei einigen Völkern bildet der schnell anwachsende Teil der Stadtbewohner schon die Volksmehrheit.

---

[1]) Hansen gibt a. a. O., S. 89 ff. eine anziehende Darstellung dieser Vorgänge, wie wir letztere nach dem Stande unseres Wissens annehmen müssen.

Nach der Volkszählung vom 1. Dezember 1900 wohnten 45·65 Proz. der Einwohner des Deutschen Reiches in Gemeinden unter 2000 Einwohnern — man rechnet diese als Landgemeinden — und 54·35 Proz. in größeren Gemeinden. Noch im Jahre 1895 war das Verhältnis nahezu gleich. Im Jahre 1871 wohnten noch 64 Proz. in den kleineren (Land-) und 36 Proz. in den größeren (Stadt-) Gemeinden.

Das Gebiet des jetzigen Königreiches Preußen, in dem 1895 die landwirtschaftliche Bevölkerung nur noch 36 Proz. der Gesamtbevölkerung betrug, besaß bis vor etwa 100 Jahren nur einen kleinen Bruchteil von städtischer, namentlich großstädtischer Bevölkerung. Der damals noch unerschöpfliche Zuzug vom Lande schaffte mit Leichtigkeit Ersatz für den Abgang in dem schneller sich verbrauchenden, aber wegen seines geringen Umfanges nicht ins Gewicht fallenden städtischen Anteile der Bevölkerung.

Man hat die Frage aufgeworfen, ob die Eigenart eines solchen Volkes, die ihm seinen Bestand in der Ausübung ländlicher Berufe sicherte, die Gewähr bietet, es in städtischen Berufen und bei städtischer, namentlich großstädtischer Lebensweise in seinem Bestande zu erhalten. Hüppe sagt darüber folgendes[1]: „Die Akklimatisationsfähigkeit einer Rasse ist auch noch von einem anderen Gesichtspunkte aus zu betrachten, nämlich in bezug auf die Einflüsse des Land- und Stadtlebens usw.“ ..... „Die Großstadt einerseits, das Landleben des Ackerbauers, des Tierzüchters und des Wanderhirten anderseits stellen aber ganz verschiedene Anforderungen in körperlicher, sittlicher und geistiger Beziehung usw.“ .... „Während sich jetzt die Städte wenigstens zum Teil selbst erhalten können, vermochten sie es früher nur durch Zuzug vom Lande.“

Hansen unternimmt a. a. O. an der Hand ausgedehnter statistischer Unterlagen in einigem Gegensatze zu dieser letzten Anführung den Nachweis, daß eine Stadtbevölkerung ohne Zuzug vom Lande ihrem Niedergange nicht entgehen könne. In bezug auf das Beispiel Leipzigs sagt er S. 27: „Wenn aber die Bevölkerung einer stationären Stadt fortwährend zur Hälfte aus Zugezogenen besteht, so folgt daraus, daß die eingeborene Bevölkerung in je zwei Menschenaltern durch den Zuzug von auswärts vollständig ersetzt wird“ [2]).

Wenn man auch die Frage der vollständigen Anpassungsfähigkeit der neueren, noch im wesentlichen den ländlichen Berufen angepaßten Kulturvölker an das Stadtleben, namentlich an das Großstadtleben, dahingestellt sein lassen will, wird man doch die Frage einer „teilweisen“ Anpassungsfähigkeit zu bejahen haben, und die Möglichkeit der erheblichen Verlangsamung des immer noch stattfindenden unverhältnismäßig schnellen Verbrauches der Stadt- und Großstadtbevölkerung zugeben müssen.

---

[1]) A. a. O., S. 217 ff.

[2]) Hansen bezieht sich, wie erwähnt, auf die Bevölkerung Leipzigs, welche nach der Zählung von 1875 aus 25 Proz. in Leipzig und aus 75 Proz. auswärts Geborenen bestand. Um die Größe der „stationären“ Bevölkerung in seinem Sinne zu erhalten, rechnet er von der Gesamtbevölkerungszahl 25 Proz. für solche, welche sich nur vorübergehend in Leipzig aufhielten, und weitere 25 Proz. für den Zuzug mit der dazu gehörigen Kinderzahl aus anderen Städten ab.

Hansen will also eigentlich sagen, daß die eingeborene Bevölkerung in je zwei Menschenaltern durch den Zuzug „vom Lande“ vollständig ersetzt wird.

In welcher Weise und unter welchen Bedingungen eine solche für den Bestand der einzelnen Völker notwendige Anpassung stattfinden und eine solche Umbildung des Menschen befördert werden kann, kann hier nur flüchtig und nur nach wenigen Richtungen hin angedeutet werden. Unerläßlich für die Beförderung dieser Anpassung ist eine viel allgemeinere Verbreitung der Kenntnis von den Schädlichkeiten des städtischen Lebens und der Erfahrung, dieselben in bezug auf sich und andere zu verhüten. Unerläßlich ist es namentlich, daß die Angehörigen des gebildeten Teiles der städtischen Bevölkerung ausnahmslos von der Notwendigkeit sich überzeugen, daß sie bewußt hygienisch leben müssen, um bei den gesundheitlichen Gefahren des Stadtlebens einem vorzeitigen Siechtum zu entgehen [1]).

In der Jugenderziehung muß schon der Gedanke vorwaltend werden, daß die Widerstandsfähigkeit gegen die schädlichen Einwirkungen des Stadtlebens entwickelt werden müsse. Die Griechen und in dem ersten Teil ihrer Geschichte auch die Römer waren Stadtbewohner, und doch wußten sich diese Völker vor einem frühzeitigen Verfall zu schützen. In ihrer Jugend- und Volkserziehung wurde aber auch das Hauptaugenmerk darauf gerichtet, die Körperausbildung zu pflegen und die Beeinträchtigung derselben durch eine einseitige Geistesausbildung, wozu im städtischen Leben die Gefahr vorliegt, zu vermeiden.

Die Engländer gehören von den neueren Völkern am meisten zu denen, welche Stadtbewohner geworden sind. Nach Tabelle 1 betrug 1891 die Zahl der Landbewohner bei ihnen nur noch wenig mehr als ein Viertel der Bevölkerung. Der mächtige Aufschwung der Industrie war hier schon früher eingetreten als auf dem europäischen Festlande und hatte schon im Laufe der ersten Hälfte des neunzehnten Jahrhunderts zur Bildung namhafter Großstädte geführt. Es nahmen bei der Zusammendrängung gewaltiger Menschenmassen in ihnen auch die gesundheitlichen Zustände dieser Großstädte zunächst ein recht bedrohliches Ansehen an. Indessen lernten es die Engländer bald, Stadtbewohner zu sein. Durch die Ausbildung ihrer hygienischen Gesetzgebung, die um die Mitte des Jahrhunderts bereits achtungswerte Anfänge aufwies, und die jetzt einen sehr umfangreichen Hauptteil ihrer Gesetzgebung überhaupt ausmacht, haben sie es verstanden, jener die Gesundheitsverhältnisse ihrer Großstädte und Städte bedrohenden Gefahren Herr zu werden, bzw. sie in erheblichem Maße einzuschränken.

Die Notwendigkeit der Pflege des Gesundheitswesens und der hygienischen Gesetzgebung ist bei den Engländern viel früher eingetreten als bei den anderen Völkern, schon zu einer Zeit, als es beispielsweise bei uns

[1]) Absehend von dem Thema „Stadt und Land" möchten wir einschalten, daß die gebildete Klasse dem handarbeitenden Teile der Bevölkerung gegenüber der gesundheitlichen Segnungen der in der Berufstätigkeit liegenden Körperübung entbehrt. Unseres Dafürhaltens ist diesem Umstande zu einem Teile der schnell wachsende politische Einfluß der handarbeitenden Klasse zuzuschreiben. Dieser Einfluß dürfte nur dann wieder in engere Grenzen zu weisen sein, wenn die gebildete Klasse dem die Körperentwickelung zurückhaltenden Mißstande einseitig geistiger Berufstätigkeit durch Körperschulung nachhaltig begegnet.

Großstädte und ihre Gesundheitsgefahren in erheblichem Maße noch nicht gab, und als der vom Lande in die Stadt fließende Bevölkerungsstrom in Deutschland noch mehr als reichlich floß, um ein gesundheitliches Zurückgehen der Stadtbevölkerung zu verhüten.

Die englische Gesundheitsgesetzgebung verdankt übrigens, in ihren Anfängen wie in dem Hauptteile ihrer Entwickelung, der Rührigkeit der Selbstverwaltungskörperschaften ihren Ausbau, hat daher in der Überzeugung des „einzelnen" von der Wichtigkeit der öffentlichen Gesundheitspflege ihre Wurzel.

Diese Teilnahme und Befähigung für die Aufgaben einer bewußten Gesundheitspflege ist ein kennzeichnendes Merkmal für die vollzogene Anpassung einer Bevölkerung an das Stadtleben. Sie wird auch für eine zweckdienliche Gestaltung der städtischen Wohnweise und der städtischen Wohnplätze — des Gegenstandes unserer näheren Besprechung — nicht zu entbehren sein.

Was die Neigung zum Landleben bei den einzelnen Rassen betrifft, so darf die geringe Begabung zum Städtegründen und das Festhalten der germanischen Völker an ländlichen Berufen, am Anfange der geschichtlichen Zeit und später, als bekannt vorausgesetzt werden. Erst spät erhielt das Städteleben bei ihnen eine Bedeutung, während bei den Griechen, den italischen Völkerschaften und anderen mit dem Anfange der Geschichte der einzelnen Stämme meist auch schon Städtegründungen eng verknüpft sind.

In Deutschland gilt Heinrich I. als eigentlicher Städtegründer. Er regierte zu einer Zeit, als schon seit einer Reihe von Jahrhunderten germanische Stämme Weltreiche zertrümmert und solche errichtet hatten.

Tacitus berichtet in der „Germania": „Daß die germanischen Völker keine Städte bewohnen, ja, daß sie nicht einmal in zusammenhängenden Wohnsitzen leben, ist allbekannt. Einsam und abgesondert siedeln sie sich an, wo gerade ein Quell, eine Au, ein Gehölz einladet." An dieser von Tacitus beschriebenen Art zu wohnen halten die Landbebauer niedersächsischen Stammes, welcher der Mischung mit nichtgermanischen Völkern wenig oder gar nicht ausgesetzt gewesen ist, noch heute fest. Die stattlichen, in gewollter Absonderung voneinander stehenden Bauernhäuser, welche Wohnung, Stall und Scheune unter einem Dache vereinen, kennzeichnen noch immer die Grenzen dieses und der ihm enger verwandten Stämme — so der Friesen — mit den anderen deutschen Stämmen.

Während in Deutschland ein erheblicher Teil der Angehörigen der Stände, die durch Bildung und Einfluß ausgezeichnet sind, unter den Landbewohnern zu suchen ist[1]), spielt sich das Leben der höheren Stände, z. B. in Italien, wie es auch zu Zeiten der Renaissance und vorher schon der Fall gewesen ist, fast lediglich in den Städten ab[2]). Der hierauf achtende

---

[1]) Einen der sehr zahlreichen Beläge hierfür bietet uns das Leben des großen Kanzlers des Deutschen Reiches, der mit warmer Liebe am Landleben hing. Außer vielem anderen bestätigen dies zahlreiche Stellen seiner „Briefe an seine Braut und Gattin" (so der Brief vom 16. Mai 1851).

[2]) Eine eingehende geschichtliche Herleitung dieser Erscheinung findet sich in Hansen, a. a. O., S. 251 ff.

Reisende wird es unschwer erkennen, wie in Italien die Besitzer der übrigens dort wenig zahlreichen im landwirtschaftlichen Großbetriebe bewirtschafteten Landgüter oder der sonstigen umfangreicheren ländlichen Besitzungen nicht auf diesen Gütern, sondern meist in der Stadt ihren Wohnsitz haben und die Bewirtschaftung jener Güter Pächtern oder Verwaltern überlassen.

Eine außerordentliche Vorliebe für das Landleben und für ländliches Wohnen ist den Engländern eigen. Diese Vorliebe ist einst aus dem Mutterlande in die Vereinigten Staaten von Nordamerika verpflanzt und hat sich — wenigstens nach schriftstellerischen Zeugnissen von daher — dort auch erhalten.

2. Abschnitt. Statistik.

a) Statistik der Sterblichkeit in Stadt und Land.

Für Beurteilung der Gesundheitsverhältnisse der Bewohner verschiedener Orte, der Angehörigen verschiedener Berufe usw. ist man in erster Linie auf die Sterblichkeitsstatistik angewiesen. Zum Zwecke des Vergleiches der Sterblichkeit in Stadt und Land beginnen wir mit älteren, öfter anderweit schon angeführten Angaben.

Nach Finkelnburg (a. a. O.) starben von 1000 Lebenden im Jahre:

	In sämtlichen Städten	Auf dem Lande	Mehr in den Städten
England 1864 bis 1874	24·7	19·5	5·2
Preußen 1875 bis 1879	27·4	24·7	2·7

Es sind nach derselben Quelle für jenen Zeitraum für alle preußischen Provinzen, mit Ausnahme einer, die Sterbeziffern für die Städte größer als die für das Land.

Wie sehr die Gesundheitsverhältnisse der mit industriellen Arbeitern überfüllten Großstädte seinerzeit hinter den Gesundheitsverhältnissen rein ländlicher Bezirke in England zurückgestanden haben, wird aus folgenden Zahlen ersichtlich.

Es starben im Durchschnitt der Jahre 1849 bis 1853 von 1000 Lebenden:

	Männer	Frauen
In 51 Healthy districts	17·5	16·2
In Manchester	35·4	30·5
In Liverpool	40·9	36·3

Der verschiedene Anteil einer Anzahl der Hauptkrankheiten an den Sterbeziffern in Stadt und Land in Preußen für 1877, für Männer und Frauen getrennt, kann aus Tabelle 2 ersehen werden.

Tabelle 2.

Todesursachen im Königreiche Preußen im Jahre 1877, nach Stadt und Land geschieden (im Auszuge).

Es starben nach der amtlichen preußischen Statistik auf 10 000 Lebende:

	Todesursachen	Männer		Frauen	
		Land	Stadt	Land	Stadt
1	Altersschwäche (über 60 Jahre)	26·06	15·77	29·63	22·38
2	Scharlach	8·21	8·28	7·28	7·37
3	Masern und Röteln	5·45	3·43	4·97	3·38
4	Diphtherie und Croup	19·21	14·00	16·64	13·20
5	Keuchhusten	7·09	4·46	7·30	5·48
6	Typhus	6·04	6·35	5·49	5·90
7	Einheimischer Brechdurchfall	1·61	8·30	1·33	7·63
8	Diarrhöe der Kinder	1·54	7·10	1·18	5·75
9	Tuberkulose	31·96	42·76	26·63	32·00
10	Luftröhrenentzündung und Lungenkatarrh	1·21	6·03	1·00	5·52
11	Lungen- und Brustfellentzündung	11·07	14·70	7·87	11·27
12	Andere Lungenkrankheiten	3·18	4·01	2·26	2·72
13	Herzkrankheiten	0·93	3·03	0·95	3·38
14	Gehirnkrankheiten	3·20	10·05	2·30	7·61
15	Nierenkrankheiten	0·92	2·88	0·35	1·68
16	Selbstmord	2·42	4·04	0·45	0·74
	Überhaupt (einschließlich auch der hier nicht aufgeführten Krankheiten)	264·87	290·77	232·37	255·83

Den die Höhe der Sterblichkeit des Säuglingsalters bestimmenden Krankheiten erliegen in den Städten fünfmal so viel Opfer als auf dem Lande. An der verheerendsten Volkskrankheit, der Tuberkulose, starben in der Stadt ein Drittel Männer mehr als auf dem Lande. Eine Mehrsterblichkeit der städtischen Frauen ist auch vorhanden, aber sie ist nicht so groß. Man glaubt daher die Ursache für die Verschiedenheit der Verbreitung dieser Krankheit in Stadt und Land in der Verschiedenheit der Berufstätigkeit — ob diese in geschlossenen, mit staubbildenden Stoffen angefüllten Räumen oder ob sie, wie beim Landmann, im Freien stattfindet — suchen zu sollen.

Wo die Beschäftigung in Fabriken bei der Landbevölkerung vorherrscht, ist die Tuberkulosesterblichkeit auch bedeutend, allerdings nach den Untersuchungen Finkelnburgs für die Rheinprovinz nirgend ganz so hoch wie in den zu vergleichenden Fabrikstädten.

Für Herz-, Gehirn- und Nierenkrankheiten stellen sich die Sterbeziffern unserer Tabelle für die Stadt je auf das Dreifache von denen des Landes, und zwar sowohl für Männer als für Frauen.

Die allgemeinen Sterbeziffern haben, wie aus den hier im folgenden benutzten neuesten statistischen Erhebungen und Untersuchungen ersichtlich werden wird, in den letzten Jahrzehnten erheblich abgenommen.

Rahts stellt in Bd. V der Medizinal-statistischen Mitteilungen aus dem Reichsgesundheitsamte Vergleichungen zwischen der Sterblichkeit der

Gesamtbevölkerung von 25 Großstädten (über 100 000 Einwohner) des Deutschen Reiches (nur 3 der 28 dieser sind ausgelassen) und der Sterblichkeit der Bevölkerung außerhalb der 25 Großstädte, sodann zwischen den Sterbeziffern jener Bevölkerung der Großstädte und der Gesamtbevölkerung des Deutschen Reiches an. Er berechnet dabei die relativen Sterbeziffern nach den Zahlen der Sterbefälle des Jahres 1896 und nach den Bevölkerungszahlen, wie sie die Volkszählung vom 2. Dezember 1895 ergab.

Auf je 100 000 Lebende starben in den Großstädten [1]) 1986, in der Gesamtheit der Staaten 2106.

Danach könnte es scheinen, als ob die 25 Großstädte schon günstigere Sterbeziffern als die Gesamtbevölkerung aufwiesen. Indessen erscheinen die Zahlen in anderem Lichte, wenn wir die verschiedene Besetzung der Altersklassen in Stadt und Land in Rücksicht ziehen.

Nach Rahts entfielen auf 1000 Lebende:

an Bewohnern	bis 15 Jahre	über 60 Jahre
in den 25 Großstädten	290	58
in der Gesamtheit von 19 deutschen Staaten	347	79
in den preußischen Landgemeinden und Gutsbezirken	378	82

Die Besetzung der jüngsten und der ältesten Altersklasse, welche beide stets die höchsten Einzelsterbeziffern haben, ist auf dem Lande also viel stärker als in den Großstädten. Durch diese hohen Einzelsterbeziffern wird die Gesamtsterbeziffer des Landes sehr ungünstig beeinflußt und erscheint höher, als sie es ist.

Aus Tabelle 3 geht hervor, daß nur in der Altersklasse über 60 Jahre die Großstädte günstigere, unter dem Durchschnitt bleibende Sterblichkeits-

Tabelle 3.

Es starben in 1896 nach Rahts:

Auf je 10 000 Lebende	In der Gesamtheit der 19 Staaten	In den 25 Großstädten	Außerhalb der 25 Großstädte
des ersten Lebensjahres	2481·8	2727·4	2449·6
von 1 bis 15 Lebensjahren	101·5	115·3	99·8
von 15 bis 60 Lebensjahren	89·8	93·1	89·2
von 60 Jahren und darüber	685·6	659·6	688·5

verhältnisse aufweisen, aber nur scheinbar, da festgestellt ist, daß die Greise auf dem Lande im Durchschnitt älter sind als in der Stadt und daher naturgemäß eine größere Sterblichkeit haben als die in der Stadt. In den drei anderen Klassen sind die Sterbeziffern für die Großstädte höher als für die Gesamtheit der Staaten und für die Bevölkerung außerhalb der Großstädte.

Es sind ferner in der Gesamtheit der Staaten 24·5 Proz., in den Großstädten aber 30·6 Proz. aller Gestorbenen gerade im lebenskräftigsten Alter (15 bis 60 Jahre) gestorben.

[1]) 1895 betrug die Bevölkerung der Großstädte 13·9 Proz. der Gesamtbevölkerung des Reiches.

Rahts kommt für das Jahr 1896, also für einen noch nicht lange zurückliegenden Zeitraum, bei seiner eingehenden und vorsichtigen Untersuchung zu dem Schlusse, daß die Sterblichkeitsverhältnisse in den Großstädten — trotz der viel größeren Aufwendungen für Hygiene in ihnen — jedenfalls entschieden ungünstigere sind als außerhalb derselben.

Wir haben gesehen, daß für den Vergleich der Sterbeziffern von Großstadt und Land der Verschiedenheit der Altersgliederung eine ausschlaggebende Bedeutung beizumessen ist. In der Tabelle 4 ist die Besetzung

Tabelle 4.

Besetzung der Altersklassen der Bevölkerung in den deutschen Großstädten und im Deutschen Reiche.
(Nach Maurice Block, angeführt bei Oldendorff-Weyl.)

Von 1000 Personen standen am 1. Dezember 1875 im Alter von:

	im Deutschen Reiche	in Berlin	in Dresden	in Köln	in München
0 bis 10 Jahren	246	196	171	197	154
10 „ 20 „	197	167	190	188	151
20 „ 30 „	159	261	259	240	241
30 „ 40 „	134	173	147	147	167
40 „ 50 „	103	97	100	93	122
50 „ 60 „	84	62	73	75	87
60 „ 70 „	51	29	39	41	53
70 „ 80 Jahren	21	12	16	16	21
80 und mehr Jahren . .	3·7	1·9	2·9	3·1	6
Alter unermittelt	1·1	0·9	2·3	0·3	0·3

der Altersklassen von 10 zu 10 Jahren in einigen der bedeutendsten deutschen Großstädte und im Deutschen Reiche enthalten. Auch in dieser Tabelle ist der vorhin angedeutete Unterschied der Altersgliederung und die viel stärkere Besetzung der lebenskräftigsten Altersklassen in den Großstädten der schwächeren Besetzung dieser Klassen im ganzen Lande gegenüber augenfällig, wenn auch die Zahlen einen etwas zurückliegenden Zeitpunkt betreffen.

Wie die allgemeinen Sterbekoeffizienten sich in den letzten Jahrzehnten in Stadt und Land stetig verringert haben, tun die Zahlen der Tabelle 5

Tabelle 5.

Sterbeziffern für das Tausend Lebender in Preußen.
(Preußische Statistik.)

Jahr	Stadt	Land	Jahr	Stadt	Land
1875	29·3	27·5	1891	24·5	24·1
1880	28·5	26·6	1892	24·6	24·9
1885	27·4	26·9	1895	23·1	23·2
1890	25·3	25·5	1897	22·2	22·6

aufs deutlichste dar. Von 1875 bis 1897 sind die darin enthaltenen Sterbeziffern in den Städten um 25 Proz., auf dem platten Lande nur um 18 Proz. gesunken. Es würde voreilig sein, aus letzterer Tatsache den Schluß ziehen zu wollen, daß die Sterblichkeit in den 22 Jahren auf dem Lande langsamer gesunken sei als in den Städten. Man wird sich zunächst die Frage vorzulegen haben, ob die nach dem obigen Zahlenverhältnis scheinbar stärkere Abnahme der Sterblichkeit in den Städten dem Lande gegenüber nicht zum großen Teil Folge einer innerhalb der 22 Jahre etwa stärker gewordenen Wanderung der lebenskräftigsten Alter vom Lande in die Stadt ist. Ballod (a. a. O.) kommt auch, wie später mitgeteilt werden wird, zu einem anderen Ergebnis, als es das vorerwähnte, für das Land ungünstige Zahlenverhältnis vermuten läßt.

Bisher haben wir schon mehrfach gesehen, daß die allgemeinen Sterbeziffern für den Vergleich verschiedener Bevölkerungen nur wenig Wert haben, wenn in ihnen stärker wandernde Bevölkerungsteile vorhanden, d. h. wenn ihre Altersgliederung eine verschiedenartige ist. Man hat sich daher bestrebt, für den erwähnten Zweck einen geeigneteren Ausdruck für die Gesamtsterblichkeit aufzustellen, als es die allgemeinen Sterbeziffern sind. Wie Boeckh für die Stadt Berlin und andere Statistiker für andere Örtlichkeiten, hat Ballod a. a. O. für die Orte und Gebiete Preußens für erdachte Bevölkerungen durch wissenschaftliche Berechnungen Sterbetafeln aufgestellt. Für diese erdachten Bevölkerungen ist dabei eine Zusammensetzung vorausgesetzt, wie sie die Bevölkerungen der Orte und Gebiete haben würden, wenn die Bewohner alle am Orte ihrer Geburt verblieben sein würden, und auch kein Zuzug von außen stattgefunden haben würde, d. h. wenn diese Bevölkerungen „stationär“ geblieben wären.

Aus diesen Sterbetafeln Ballods (nur für Preußen sind es 67 Stück) sind die Lebensaussichten (mittlere Lebensdauer) aller Altersklassen für Gegenwart und Vergangenheit zu ersehen. Daraus wird dann auch ein summarischer Sterbekoeffizient der Gesamtbevölkerung (Umkehrung der mittleren Lebensdauer der Neugeborenen) abgeleitet, in welchem der Einfluß der verschiedenen Besetzung der Altersklassen ausgeschieden ist.

Aus einzelnen Angaben jener Sterbetafeln ist von Ballod neben zahlreichen anderen zum Vergleich der Sterblichkeit in Stadt und Land aufgestellten Tabellen Tabelle 6 zusammengestellt. Dieselbe gibt uns ein

Tabelle 6 (Auszug aus der Tabelle von Ballod).

Es betrug die mittlere Lebensdauer für das männliche Geschlecht in Preußen beim Alter:

		Großstädte	Unterschied gegen Land Proz.	Land
30 Jahre	1880/81	29·29	11·7	32·74
	1895/96	30·95	15·3	35·70
40 Jahre	1880/81	21·84	16	25·35
	1895/96	23·66	17·4	27·40
50 Jahre	1880/81	16·78	11	18·50
	1895/96	17·65	16	20·37

anschauliches Bild davon, wie sehr die erwachsene männliche Bevölkerung der Großstädte in ihrer Lebensdauer hinter der Bevölkerung der Landgemeinden Preußens zurücksteht, und wie stark sich dieses Verhältnis von

1881 bis 1896 noch mehr zuungunsten der Großstädte verschoben hat. Es sind jene Unterschiede der Lebensdauer in Großstadt und Land im allgemeinen noch nicht einmal die größten, welche sich aus dem Vergleiche von Großstädten und Land überhaupt ergeben. So führt Ballod an, daß die Lebensdauer der männlichen Erwachsenen der Großstädte von derjenigen der zu 78 Proz. in Landwirtschaft tätigen Landgemeinden der vier Ostprovinzen noch erheblich mehr abweicht, als dies nach Tabelle 6 der Fall ist, nämlich in denselben Altersklassen für 1895/96 um 21 bis 24 Proz.

Er nimmt daher für Preußen als erwiesen an: 1. Die Lebensdauer hat im allgemeinen erheblich zugenommen; 2. diese Zunahme ist für die Erwachsenen auf dem Lande stärker gewesen als in den Städten, erheblicher beim männlichen als beim weiblichen Geschlecht. Er kommt zu dem Endergebnis: „Der Gegensatz in der Lebensdauer zwischen Stadt und Land, besonders in dem kräftigen Mannesalter, besteht nicht nur unverändert weiter, sondern hat sich noch verschärft.“ Diese Tatsachen sind um so schwerwiegender, als in den Großstädten in den letzten Jahrzehnten außerordentlich große Aufwendungen für Pflasterung, Straßenreinigung, Trinkwasserversorgung, Kanalisation, Krankenhauswesen, Schlachthausbauten und sonstige Gesundheitswerke gemacht worden sind, während von allem diesem den Landgemeinden fast noch nichts zugute gekommen ist. Außerdem hat die in neuerer Zeit stattgefundene Steigerung der Lebenshaltung in der Hauptsache nur auf die städtische und industrielle Bevölkerung Bezug gehabt, wie wir mit Ballod annehmen können.

Etwas außerhalb des Rahmens der vorstehenden Erörternngen über den Unterschied der Sterblichkeit in Stadt und Land fällt der Inhalt der Tabelle 6a, welcher die Sterbeziffern Berlins und seiner Hauptvororte enthält.

Tabelle 6a.

Gewöhnliche Sterbeziffern auf 1000 Lebende (ohne Totgeborene) für 1898 für Berlin und eine Anzahl Vororte, nach dem statistischen Jahrbuch der Stadt Berlin von 1900.

Berlin	17·24	Groß-Lichterfelde (einschließlich Lankwitz)	11·01
Charlottenburg	14·17	**Vororte der Barnimer Seite:**	
Vororte der Teltower Seite:		Lichtenberg	22·64
Schöneberg	11·61	Pankow	18·81
Rixdorf	18·61	Weißensee (mit Neu-Weißensee)	24·25
Wilmersdorf	10·99	Boxhagen-Rummelsburg	23·89
Friedenau	12·37	Reinickendorf	21·60
Steglitz	13·68	Friedrichsfelde	20·58

Es dürfte indessen der Inhalt der Tabelle eine unmittelbarere Beziehung zu unserem Hauptbesprechungsthema „Gesundheitlicher Einfluß des gedrängten und des weiträumigen städtischen Anbaues“ haben. Wir können die Zahlen der Tabelle nicht kurzerhand als Beweis für die Überlegenheit des weiträumigen städtischen Anbaues (Vororte) über den gedrängten Anbau (Berlin) ins Feld führen. Die Tabelle enthält eben nicht die korrekten, sondern nur die gewöhnlichen Sterbeziffern; es ist darin also nicht die Verschiedenheit der Altersgliederung zum Ausdrucke gekommen.

Zudem wird mannigfachen anderen Umständen, so dem verschiedenen Grade der Wohlhabenheit, dem geringen Alter der Vororte usw., ein erheblicher Einfluß auf die Sterbeziffern der Tabelle zuzusprechen sein.

Immerhin erscheint es beachtenswert, daß die westlichen und südwestlichen Vororte mit ihrer vielfach landhausmäßigen Bebauung, trotzdem in einzelnen derselben noch nicht einmal die Kanalisation durchgeführt ist, im allgemeinen so viel niedrigere Sterbeziffern aufweisen [1]) als Berlin und die nördlichen und nordöstlichen Vororte mit der dort baupolizeilich gestatteten erheblich dichteren Bebauung.

Daß die Sterbeziffern für die nördlichen und nordöstlichen Vororte größer sind als die für Berlin selbst, dafür wird der Grund vornehmlich darin zu suchen sein, daß in jenen Vororten die Arbeiterbevölkerung mehr vorherrscht und daß dort die öffentlichen Gesundheitswerke noch hinter denen Berlins zurückstehen.

Die Krankheitsstatistik ist im Gegensatze zur Sterblichkeitstatistik nur in geringem Grade ausgebildet. Es dürfte daher hier von Wert sein, eine Arbeit Dr. Noders [2]) kurz zu berühren, in welcher Großstadt und Land mit Hilfe einer Krankheitsstatistik verglichen sind.

Die Ärzte des bayerischen Regierungsbezirkes Schwaben beteiligen sich zu 88 Proz. an einer Statistik der Ansteckungskrankheiten. Noder stellt nun bezüglich derselben die Stadt Augsburg mit rund 82 000 Einwohnern der Bevölkerung der ländlichen Orte Schwabens gegenüber. In Augsburg erkrankten in den vier Jahren 1895 bis 1898 jeder 8., auf dem Lande jeder 14. Bewohner an ansteckenden Krankheiten. Die höhere Erkrankungsziffer für die Großstadt — fast die doppelte des Landes — beruht nach Noder nicht auf außergewöhnlichen Schwankungen und besonderen epidemischen Anschwellungen in einzelnen Krankheitsgruppen, sondern entspricht einem zutreffenden Durchschnitt. Er führt als Hauptgründe für diese bedeutende Rückständigkeit der Großstadt gegenüber dem Lande die in ersterer so sehr vermehrte Berührung der Personen untereinander und die ungünstigeren gesundheitlichen Allgemeinzustände der Großstadt an.

b) Statistik der Wehrfähigkeit in Stadt und Land.

Eine wertvolle Ergänzung des Bildes, welches wir durch die an der Hand der Sterblichkeitsstatisik angestellten Vergleiche von dem Gegensatze von Stadt bzw. Großstadt und Land erhalten, ergibt sich uns aus der Statistik über die Wehrfähigkeit in Stadt und Land.

Nach Notthaft [3]) stand die Provinz Ostpreußen, welche vorzugsweise eine ackerbautreibende Bevölkerung aufweist, mit 60 Proz. aller Ersatzpflichtigen an Militärtauglichen an der Spitze der preußischen Provinzen; die Provinz Brandenburg — wegen der darin liegenden Stadt Berlin —

[1]) Schöneberg mit den niedrigen Sterbeziffern und der verhältnismäßig dichten Bebauung macht hier eine Ausnahme.

[2]) Dr. A. Noder, Wodurch unterscheiden sich die Gesundheitsverhältnisse in Großstädten von denen auf dem Lande? Deutsche Vierteljahrsschrift f. öffentliche Gesundheitspflege 1902, S. 251.

[3]) A. a. O., S. 487. Notthaft entnimmt diese Angaben aus F. A. Schmidt's Jahrbuch., Jahrgang 1893.

mit 41 Proz. an letzter Stelle. Schon 1870/71 hatte der vorherrschend industrielle Kreis Waldenburg nur 20 Proz., der benachbarte Kreis Striegau, mit vorherrschend landwirtschaftlicher Bevölkerung, 60 Proz. Taugliche.

Einer Tageszeitung entnimmt Notthaft, daß bei der Musterung von 1898 von den Gestellungspflichtigen im Mainzer Stadtbezirk 80 Proz. zurückgestellt wurden; 15 bis 20 Proz. dieser Zurückgestellten hatten Herzfehler. Von den Gestellungspflichtigen Nürnbergs waren 1897 33 Proz. tauglich, 1898 nur noch 18 Proz.

Diesen allgemeineren Angaben lassen wir die eingehenden Vergleiche Ballods[1]) folgen. Um vor allem die Zahlen der Eingestellten nach ihren Geburtsgebieten festzustellen, zieht er die seit langem vorhandene Statistik über die Schulbildung der ins Heer Eingestellten heran. In Tabelle 7 stellt

Tabelle 7 (nach Ballod).

Relative Wehrfähigkeit industrieller und agrarischer Gebiete des Deutschen Reiches.

	Flächeninhalt qkm	Bevölkerung in Millionen 1895	Eingestellte 1893/94 1894/95 1895/96	Auf 10 000 Bewohner eingestellt (in 3 Jahren)
Deutsches Reich . . .	540 657	52·28	759 986	145·3
a) Mehr industrielle Hälfte (der Bevölkerung[1])	174 469	26·14	337 957	129·3
b) Mehr agrarische Hälfte (der Bevölkerung)	366 078	26·14	422 029	161·5
α) Industriegebiete mit über 81·4 Proz. industriell im Handel und Verkehr Erwerbstätigen	—	11·46	120 162	104·8
β) Agrargebiete mit über 65·5 Proz. landwirtschaftlich Erwerbstätigen	—	6·00	112 200	187·0

er Gruppen von Bewohnern aus Gebieten mit in verschiedenen Graden mehr industrieller Bevölkerung und solche aus Gebieten mit mehr landwirtschaftlich Erwerbstätigen zusammen. Er kommt auf Grund des Vergleiches zu dem Ergebnis, daß beim Vorhandensein stärkerer Industrie die Verhältniszahl der Tauglichen einer Bevölkerung erheblich kleiner ist. So lieferten nach Tabelle 7 die stärkst industriellen Gebiete des Deutschen Reiches 104·8, die stärkst landwirtschaftlichen 187 Eingestellte auf 10 000 der Bevölkerung; die letztere Verhältniszahl ist das 1·78fache der ersteren.

Man hat sich die Frage vorgelegt, ob es bei Berechnung dieser Verhältniszahlen zulässig ist, die Zahl der Eingestellten mit der zur Zeit der Einstellung vorhandenen Bevölkerungszahl in Beziehung zu setzen. In Tabelle 8, welche die verschiedene Wehrfähigkeit einiger Provinzen Preußens usw. anschaulich machen soll, sind zur Berechnung der Verhältnis-

[1]) A. a. O., S. 84.

Tabelle 8 (nach Ballod).

Relative Wehrfähigkeit verschiedener Provinzen Preußens usw.

	Eingestellte. Mittel aus 1893/94, 1894/95 und 1895/96	Es kommen Eingestellte auf 10 000 Bewohner der Gesamtbevölkerungszahl von 1895	1875
Ostpreußen	13 407	66·81	72·21
Westpreußen	8 942	59·84	66·60
Brandenburg-Berlin	17 801	39·57	56·94
Schlesien	21 580	48·87	56·14
Rheinland	23 432	45·89	61·60
Königreich Sachsen	14 686	38·79	53·20
Reg.-Bez. Potsdam-Berlin	10 952	32·90	52·99
Hamburg	1 900	29·29	51·36

zahlen außerdem auch die zur Zeit des mittleren Geburtsjahres der Eingestellten vorhanden gewesenen Gesamtbevölkerungszahlen berücksichtigt. Auch in dieser Tabelle zeigt sich eine Überlegenheit der agrarischen Provinzen und Gebiete über die städtisch-industriellen und die Großstädte.

Bemerkenswerte Mitteilungen über die Militärtauglichkeit der Berliner Bevölkerung macht Professor Sering-Berlin in den Verhandlungen der XXX. Plenarversammlung des Deutschen Landwirtschaftsrates [1]). In seinem ausgedehnten Berichte zu der Frage der Verschiedenheit der Wehrfähigkeit der Bevölkerung des Deutschen Reiches äußert er sich auf Grund amtlicher Statistik an einer Stelle wie folgt: „Verglichen mit Ost- und Westpreußen liefert Berlin nur etwa halb so viele Taugliche auf das Hundert Abgefertigter, und bei Hinzurechnung der zur Ersatzreserve Überwiesenen auf beiden Seiten verschlechtert sich noch das Verhältnis. So wurden im Jahre 1900 — einschließlich der vor dem 20. Jahre Eingetretenen — für tauglich zum Dienst in der Linie oder in der Ersatzreserve befunden in Berlin nicht ganz 40 auf das Hundert, in Ostpreußen mehr als 82.“

Sering fügt dieser Anführung hinzu, daß von 1893 und 1894 bis 1900 die Berliner Tauglichkeitsziffer Jahr für Jahr zurückgegangen sei, nämlich von 45 und 39 Proz. in den Jahren 1893 und 1894 auf 32 Proz. in 1899 und 1900, und, wenn die der Ersatzreserve Überwiesenen eingerechnet werden, von 59 und 53 auf 37 und 38 Proz.; erst das Jahr 1900 zeige einen Stillstand gegen das Vorjahr.

Obwohl die Statistik der Wehrfähigkeit hiernach bedeutungsvolle und unanfechtbare Tatsachen festgestellt hat, fehlten bisher unmittelbare Erhebungen über Herkunft und Beruf der Militärpflichtigen und Eingestellten. Auf Anregung des Deutschen Landwirtschaftsrates hat der Herr Reichskanzler hierüber für das Jahr 1902 solche Erhebungen angeordnet. In der Tabelle 8a, welche sich auf jene Erhebungen bezieht, sind die Militärpflichtigen in Gruppe I (auf dem Lande geboren) und in Gruppe II (in der Stadt geboren) getrennt. Jede Gruppe enthält, wie ersichtlich, je zwei Untergruppen.

[1]) Deutscher Landwirtschaftsrat: „Die Bedeutung der landwirtschaftlichen Bevölkerung für die Wehrkraft des Deutschen Reiches.“ Berlin, Paul Parey, 1902.

Tabelle 8a
(nach der Denkschrift des Herrn Reichskanzlers betreffend die Ermittelungen über die Herkunft und die Beschäftigung der beim Heeresergänzungsgeschäfte des Jahres 1902 zur Gestellung gelangten Militärpflichtigen)[1].

Gruppen		Zahl der Tauglichen	Von je 100 Tauglichen kamen auf jede Gruppe	Von je 100 abgefertigten Militärpflichtigen jeder Gruppe waren tauglich
I. Auf dem Lande geboren	a) in Land- oder Forstwirtschaft beschäftigt	75 606	25·72	58·64
	b) anderweit beschäftigt	110 389	37·55	58·40
	I. zusammen	185 995	63·27	58·50
II. In der Stadt geboren	a) in Land- oder Forstwirtschaft beschäftigt	10 697	3·64	58·52
	b) anderweit beschäftigt	97 263	33·09	53·52
	II. zusammen	107 960	36·73	53·97
	I. und II. zusammen	293 955	100·00	56·75

Bemerkenswert ist es, daß nach der Tabelle zwei Drittel aller Eingestellten vom Lande und nur ein Drittel aus der Stadt stammen. Die Tauglichkeitsziffern von 58·50 Proz. (der auf dem Lande Geborenen) und von 53·97 Proz. (der in der Stadt Geborenen) weichen nicht so stark voneinander ab, als man nach unseren bisherigen Betrachtungen erwarten sollte. Die Ziffern würden erheblich mehr voneinander verschieden sein, wenn die in den Land- und Kleinstädten Geborenen, deren Zahl etwa ein Viertel der Zahl der Gesamtbevölkerung beträgt und welche den auf dem Lande Geborenen an Militärtauglichkeit nur wenig nachstehen, nicht zur Gruppe II gerechnet wären. Auch andere Verhältnisse (in ländlichen Industriegegenden Geborene) sind hierbei zu berücksichtigen.

Für unsere Betrachtungen kommt in erster Linie der Gegensatz der Tauglichkeitsziffern von Großstadt und Land in Frage. Dieser Gegensatz tritt deutlicher in der ebenfalls durch die beregten Erhebungen für 1902 festgestellten Tatsache hervor, daß im III. preußischen Armeekorps, das die Provinz Brandenburg mit Berlin umfaßt, die Tauglichkeit der in der Stadt geborenen und anderweit beschäftigten Bevölkerung sich auf 41 Proz. gegen 61 Proz. der dort auf dem Lande geborenen und in Land- oder Forstwirtschaft beschäftigten Bevölkerung ergibt.

Bei der erheblichen Überlegenheit der ländlichen und agrarischen Bevölkerung in bezug auf Erstellung eines ausgiebigen Heeresersatzes erscheint das schnelle und stetige Zurückgehen des Anteils der ländlichen Bevölkerung an der Gesamtbevölkerung für die Machtstellung des Deutschen Reiches nicht unbedenklich. Wenn auch, wie wir in Tabelle 5 gesehen haben, die Sterblichkeit in den letzten Jahrzehnten in Stadt und Land erheblich ab-

[1]) Reichstagsdrucksachen 1903/04.

genommen hat, so kann daraus, wie auch unsere Betrachtungen über die Statistik der Wehrfähigkeit erkennen lassen, keineswegs gefolgert werden, daß die körperliche Tüchtigkeit und die Militärdiensttauglichkeit zugenommen, geschweige in demselben Maße zugenommen haben, denn die allerdings noch wenig ausgebildete Krankheitsstatistik kann ganz andere Ergebnisse aufweisen als die Sterblichkeitsstatistik.

Nachdem wir die Tatsache des Gegensatzes von Stadt und Land an der Hand der Statistik erörtert haben, wollen wir in den beiden folgenden Abschnitten versuchen, die Ursachen zu finden, welche diese Verschiedenheit der körperlichen Gesundheit, sowie auch der geistigen Gesundheit und der sittlichen Zustände in Stadt und Land hervorgebracht haben.

3. Abschnitt. Ursachen des Gegensatzes von Stadt und Land in bezug auf die leibliche Gesundheit.

Wir werden mit der Behauptung kaum auf Widerspruch stoßen, daß für das körperliche Wohlbefinden des Städters und insbesondere des Großstädters ein etwas längerer Aufenthalt auf dem Lande meist von günstigen Folgen begleitet ist. Unbewußt wohnt dem Stadtbewohner die Vorstellung inne, daß er die in der dumpfen Luft der Straßen ermüdeten Sinne und die in der Enge der Arbeitsstätte erschlafften Kräfte nur in der freien Natur, im Sonnenschein und frischer Luft, in der Ausschau auf Wälder und Berge zu erfrischen und zu heben vermag. Er sucht deshalb in seinen Feierstunden auf Spaziergängen wenn irgend möglich außerhalb der Stadt Erholung. An schönen Sonn- und Festtagen ergießen sich Scharen von Erfrischungsuchenden, oft die Mehrheit der Einwohnerschaft, in die Umgebung der Stadt. Zur Zeit der sommerlichen Ferien vollzieht sich die Flucht aus der Großstadt in die mannigfaltigsten Sommerfrischen, in waldreiche Orte, ans Meer, ins Gebirge, mit ähnlicher Naturgewalt, mit welcher die steigende Industrie und der wachsende Verkehr die Flucht vom Lande in die schnell anwachsenden Großstädte veranlassen.

In der Heilkunde gilt für die durch die Großstadt an ihrer Gesundheit Geschädigten und für Genesende der Aufenthalt auf dem Lande als Allheilmittel. Man schickt mit dem besten gesundheitlichen Erfolge Kinder mittelloser städtischer Eltern zu vielen Tausenden in ländliche Ferienaufenthalte. Man hält an dem Grundsatze fest, daß die neuerdings in so großer Zahl errichteten Lungenheilstätten ihren Zweck nur dann erfüllen, wenn sie in sorgfältig ausgewählter, ländlicher Lage sich befinden. Und trotz aller dieser Tatsachen werden die gesundheitlichen Vorzüge des Landlebens von den breiten Schichten der Bevölkerung doch noch lange nicht genug gewürdigt.

a) Klima.

Was zur Hochsommerzeit die Massenwanderung aufs Land veranlaßt, ist die in der Stadt oft viel drückendere Hitze. Die Bewegung der Luft, welche auf dem Lande die Hitze erheblich leichter ertragen läßt, wird in der Stadt durch hohe Häuser, schachtartige Höfe und enge Straßen gehemmt und eingeschränkt. Durch diesen Mangel an Luftbewegung wird die an sich schon schwierigere Durchlüftung der Stadtwohnungen noch mehr erschwert, so daß in heißen Zeiten auch in der Nacht in den Zimmern keine Kühlung eintritt. Alle Umstände deuten nach Finkelnburg[1]) und Wasserfuhr[2]) darauf hin, daß die Überhitzung des kindlichen Organismus, wie sie in den heißen Sommermonaten in den überfüllten, schlecht gelüfteten Wohnungen der größeren Städte eintritt, neben der Ansteckung, eine Hauptursache der daselbst dem Lande gegenüber so viel größeren Säuglingssterblichkeit bildet.

In größeren Städten ist die Temperatur im Winter höher; dafür entbehrt man auf dem Lande auch in dieser Jahreszeit nicht des wohltätigen Einflusses des Sonnenscheines, dessen Zutritt durch hohe Häuser in der Stadt vielfach gehindert wird.

b) Luft.

Während wir die reine, geruchfreie Luft der Felder und die würzige Waldluft angenehm empfinden, und durch sie unsere Atmung kräftig angeregt wird, empfinden wir die Luft in den Städten öfter als unrein oder gar mit widerlichen Gerüchen erfüllt, wodurch unser Wohlbehagen beeinträchtigt wird.

Man unterscheidet gasige Verunreinigungen der Luft und durch Staub und Ruß veranlaßte. Die gasigen schädlichen Beimischungen der Stadtluft im Freien und in den Wohnungen sind sehr vielfacher Art.

Durch die oft seit Jahrhunderten geübte, später noch zu besprechende Verunreinigung des Untergrundes, und durch die Übersättigung des Stadtbodens mit organischen Stoffen, werden der Luft sich mitteilende Fäulnisgase, als Schwefelwasserstoff, Ammoniak und Grubengas, erzeugt. Ebenso entstehen solche Gase in reicher Fülle durch die Fäkalstoffe der Hofgruben, durch Abgänge des Haushaltes und durch gewerbliche Abgänge, wenn für deren ordnungsmäßige Fortschaffung nicht genug gesorgt wird. Wie belästigend solche Luftverunreinigung werden kann, davon kann man sich u. a. in den Hinterstraßen von Städten, in denen Kanalisation und Schlachthäuser noch fehlen, unschwer überzeugen.

Werkstätten, Fabriken aller Art, darunter auch chemische Fabriken, erzeugen in den Städten ebenfalls übelriechende und zudem noch ätzende Gase. Die massenhaft verbrannte Steinkohle teilt der Luft beträchtliche Mengen von schwefliger und Schwefelsäure, auch geringere Mengen von Kohlenoxydgas mit. Nach Hüppe[3]) enthielt die Luft in England in einer Million Kubikmeter: auf dem Lande 474 g, in London 1670 g, in Manchester 2518 g und in der Nähe einer Fabrik daselbst 2668 g Schwefelsäure. Leuchtgas entweicht ebenfalls aus den nie ganz dichten Leitungen in nicht unbeträchtlicher Menge. Einer kräftigen Erneuerung und Reinigung der mit allen diesen Gasen geschwängerten Stadtluft steht ihre durch die erwähnten Umstände veranlaßte verhältnismäßige Bewegungslosigkeit im Wege.

Renk [nach Noder[4])] sagt allerdings, daß trotz der kolossalen Mengen von Gasen, welche unter Umständen der Luft übergeben werden, es nur in den seltensten Fällen möglich sei, in der Luft der nächsten Umgebung des Entstehungsortes meßbare Mengen jener Gase aufzufinden. Renk will daher

[1]) A. a. O., S. 50.
[2]) A. a. O., S. 195.
[3]) Handbuch, a. a. O., S. 150.
[4]) A. a. O.

die gesundheitsschädliche Wirkung der in der Luft im Freien enthaltenen Fäulnis- und anderer Gase mehr dadurch erklären, daß durch die veranlaßten schlechten Gerüche und durch Ekelerregung die Kraft und die Tiefe des Atmens herabgesetzt und dadurch ungenügend werden.

Hüppe[1]) (Handbuch, S. 149 ff.) nimmt aber an, daß die erwähnten Gasbeimischungen neben der obigen Wirkung auch die Widerstandsfähigkeit gegen Seuchen herabsetzen können. Sie griffen die Zellen des menschlichen Körpers an, und ermöglichten oft erst einen wirksamen Angriff der Ansteckungsbakterien. Es wäre, wie er sagt, die vielfach zu beobachtende Vernichtung der Pflanzen durch Gehalt der Luft an schwefliger Säure ein bemerkenswerter Fingerzeig für die Wirkung auf lebendes Protoplasma[2]).

Was die durch die Atmungstätigkeit des Menschen in Innenräumen veranlaßte Luftverschlechterung anbetrifft, so wird der zu messende Kohlensäuregehalt der Luft dafür als Anzeiger angesehen. Nach Pettenkofer gilt ein Kohlensäuregehalt von 1 Prom. als die für geschlossene Räume im allgemeinen nicht zu überschreitende Grenze. Für gewöhnlich weist der Kohlensäuregehalt der Luft im Freien in den Städten keine sehr merklichen Unterschiede gegenüber der auf dem Lande auf. Nach Rubner (bei Noder) enthält die Stadtluft im Mittel 0·385, die Landluft 0·318 Prom. Kohlensäure.

Nach dem Jahresberichte des Landesmedizinalkollegiums über das Medizinalwesen im Königreiche Sachsen für das Jahr 1894 (Gesundheits-Ingenieur 1896, S. 196) hatte die freie Luft in den Schulhöfen und Schulgärten der Dresdener Volksschulen nicht 0·4 Prom., wie man gewöhnlich annimmt, sondern sie stieg nicht selten auf 0·7 bis 0·8 Prom. Nach sorgfältigen Messungen schwankte der Kohlensäuregehalt in den Straßen und Plätzen Dresdens zwischen 0·32 und 0·91 Prom. Nach Schneefall, bei ruhiger, kalter Luft, ging er selbst in engen Straßen in den frühen Morgenstunden auf 0·32 Prom. herab. Im Sommer betrug er an milden Tagen mit ruhiger Luft nur 0·38 bis 0·45 Prom. Bei stürmischer Witterung, welche das Aufsteigen der Verbrennungsgase aus den Schornsteinen verhindert, nimmt er beträchtlich zu und stieg er sowohl im Winter als im Sommer bis zu 0·91 Prom.

Als gesundheitlich viel bedenklicher wie die in der Stadtluft beobachteten gasigen Verunreinigungen im Freien es sind, ist die durch Atmung und Entwickelung schädlicher Gase herbeigeführte Luftverschlechterung der geschlossenen Räume, insbesondere die der überfüllten städtischen Wohnungen, anzusehen. Wenn ein Kohlensäuregehalt von 9 Prom. in der Luft von Schulzimmern keine Seltenheit ist, wird man einen solchen in der Luft überfüllter Privatwohnungen auch öfter antreffen. Sehr zur Luftverunreinigung der Wohnungen trägt auch die durch Verschmutzung der Zwischendeckenfüllstoffe erzeugte Entwickelung von Fäulnisgasen bei.

---

[1]) Näheres darüber bringt Hüppe in „Bakteriologie und Biologie der Wohnung". Weyls Handbuch der Hygiene, 4. Bd., S. 924 ff.

[2]) Nach Tagesblättern beabsichtigt die staatliche Forstverwaltung ihre in der Nähe der südöstlichen Vororte Berlins belegenen Forsten zu verkaufen — oder hat sie zum Teil schon verkauft —, da angeblich wegen der Rauch- und Gasentwickelung der dort befindlichen zahlreichen Fabriken, Eisenbahnen und des Dampfschiffsverkehres die Bäume dieser Forsten frühzeitigem Verderben ausgesetzt sind.

Die Durchlüftung der Stadtwohnungen im Gegensatze zu der der Wohnungen auf dem Lande ist durch den Umstand sehr beeinträchtigt, daß die Räume der großen eingebauten städtischen Häuser durch die natürliche Ventilation meist nur die bereits verdorbene Luft daranstoßender bewohnter Räume erhalten. Auch die unbewegte Luft geschlossener Höfe ist zur Luftversorgung für die daranliegenden Räume oft wenig geeignet. Ungünstig ist es auch, daß in den großen Stadthäusern mit Massenwohnungen der für eine ausgiebige Lüftung erforderliche Gegenzug meist nicht zu bewerkstelligen ist.

Man hat für die Gesundheitsgefährdung der Luft stark mit Menschen besetzter Räume ein besonderes Atmungsgift verantwortlich gemacht. Wenn es auch der Wissenschaft trotz sehr vieler Versuche bisher nicht gelungen ist, dieses Gift aufzufinden, so dürfte dies doch wenig an der aus vielen Erscheinungen und alten Erfahrungen hervorgehenden Tatsache der großen Schädlichkeit solcher Luft ändern. Neben den bisher angenommenen, durch Atmung und Ausdünstung erzeugten üblen Einwirkungen auf die Luft, hat man neuerdings auch den Wasserdampfgehalt der Luft in Verbindung mit der Erhöhung der Wärmegrade, welcher in mit Menschen besetzten Räumen schnell ansteigt, hervorgehoben.

Die Schädlichkeit schlechter Luft für die Gesundheit wird von allen Kulturvölkern, und meist schon seit geraumer Zeit, als feststehende Tatsache angesehen.

Wir gehen nunmehr von den gasigen Verunreinigungen zu den im Freien und in den Wohnungen vorkommenden Verunreinigungen der Stadtluft durch den „Staub“ über.

Der Staub ist entweder grob (Teilchen vom Steinpflaster, von Baustoffen, vom Straßenkehricht, von Lebensmittelresten, unverbrannte Kohlenteilchen aus den Feuerungen usw.), so daß er mittels Besen zu entfernen ist, oder er ist nur in der Form von Sonnenstäubchen sichtbar und ist organischer Herkunft (Wolle, Baumwolle, Zusammenballungen von Mikroorganismen usw.). Die kleinsten Formen der Mikroorganismen sind namentlich vereinzelt auch als Sonnenstäubchen nicht mehr sichtbar, und sind nur durch ein Verfahren als Sonnenstäubchen sichtbar zu machen. Unter den kleinsten Lebewesen befinden sich auch die meist aus den mannigfachen Ausscheidungen des Menschen herrührenden Ansteckungsträger der verschiedensten Krankheiten. Diese Ansteckungsträger erfüllen die Stadtluft, wie schon im statistischen Teil angedeutet wurde, in viel stärkerem Maße als die Landluft, welche in gewissen Fällen sogar ganz frei von solchen Keimen sein kann.

Der diese Keime tragende Staub gelangt in die Wohnungen, indem er durch die Fußbekleidungen, denen er anhaftet, oder durch Luftströmungen oder auf andere Weise in die Zimmer befördert wird. Er häuft sich auf Fluren, Treppen und Laufgängen, namentlich der großstädtischen Riesenhäuser geringeren Ranges, deren Reinhaltung vielfach zu wünschen übrig läßt, oft in großen Mengen an.

Vom Staube getragen, durch das Trinkwasser oder sonstwie finden die Ansteckungskeime den Weg in den Menschen. Wie man annehmen kann, wird für ihren dort oft verhängnisvollen Angriff der Boden durch die schädigende Wirkung der auf die verschiedenste Weise entstehenden Fäulnisgase und anderer Verunreinigungen der Atmungsluft erst vorbereitet.

Die Ursachen, die wir für das Überwiegen der Ansteckungsgefahr in der Stadt, dem Lande gegenüber, bereits erwähnt haben, nämlich die Vermehrung der Zahl der Ansteckungskeime in Luft und Wasser durch das Zusammendrängen der Menschen, sowie die vervielfachte gegenseitige Berührung der Menschen, machen sich in großstädtischen Riesenhäusern mit ihrer zahlreichen Bewohnerschaft in sehr erhöht bedrohlicher Weise geltend.

Eine arge Verunreinigung erfährt die Stadtluft durch den Ruß und die Aschenbestandteile der in größeren Städten massenhaft vorhandenen Kohlenfeuerungen. Zusammen mit den aus letzteren auch entstehenden, bereits besprochenen gasigen Verunreinigungen, von deren Schädlichkeit allerdings sehr die Schädlichkeit des Rußes übertroffen wird, bilden diese durch die Feuerungen verursachten Verunreinigungen die Rauchplage der größeren Städte.

Nähert man sich mit der Eisenbahn einer Groß- oder Industriestadt, so wird man oft mit Beklemmung wahrnehmen, wie sich schon außerhalb des Weichbildes der Stadt das Blau des Himmels in ein trübes Grau verwandelt, und wie das fahle Sonnenlicht kaum den mit mißfarbenen Wolken der verschiedensten Töne erfüllten Luftkreis zu durchdringen vermag.

Aus einer vom Deutschen Verein für öffentliche Gesnndheitspflege 1899 bei den Verwaltungen aller deutschen Städte von über 15 000 Einwohnern veranstalteten Umfrage geht hervor [1]), daß etwa ein Fünftel bis ein Viertel dieser Städte unter Rauchbelästigungen in mehr oder minder hohem Grade zu leiden haben. Da dies gerade bei den großen und größeren Städten der Fall ist, darf schätzungsweise angenommen werden, daß etwa die Hälfte der Städtebewohner im Deutschen Reiche und die weitaus bedeutendste Mehrzahl der Großstädter unter Rauchbelästigung zu leiden haben, mit welcher, wie vorher erwähnt, vielfach eine Belästigung durch den Gehalt der Luft an schwefliger Säure und an anderen ätzenden oder giftig wirkenden Gasen verbunden ist.

Der Grad der Belästigung hängt nach jener Umfrage von der Art der verbrauchten Kohle ab. Von allen Gewerbebetrieben tragen die Kleinbetriebswerkstätten (namentlich Bäckereien) zu den Klagen etwa viermal so viel bei wie die Kesselfeuerungen. Ein recht bedeutender Anteil fällt auch den häuslichen Feuerstätten dann zur Last, wenn an einem Orte Kohlenbeschickung die Regel bildet. In Berlin ist infolge der dort gebräuchlichen Brennmaterialien die Rauchplage eine verhältnismäßig geringere als in verschiedenen anderen deutschen Großstädten.

Der Aufenthalt in Städten mit massenhaften Steinkohlenfeuerungen vermehrt nach Finkelnburg [2]) erheblich die Zahl der Erkrankungen an Luftröhrenentzündung und an Lungenkatarrh. Die Sterblichkeit an diesen Krankheiten war 1875 bis 1879 — sowohl im ganzen preußischen Staate (siehe auch Tabelle 2) wie in der Rheinprovinz — in den Stadtgemeinden um mehr als das Doppelte größer als in den Landgemeinden. In den großen Industriestädten, z. B. Essen, Bochum, Duisburg, Dortmund, stieg sie

---

[1]) Nußbaum, „Die Rauchbelästigung in deutschen Städten." D. Vierteljahrsschrift f. öffentliche Gesundheitspflege 1900, S. 562.

[2]) A. a. O., S. 43.

zu der ganz außerordentlichen Höhe des 10- bis 13 fachen der bezüglichen Durchschnittssterblichkeit der Landgemeinden der Rheinprovinz.

Jene große Zunahme der Sterblichkeit an Luftröhrenentzündung und Lungenkatarrh in den Hauptstätten des industriellen Kohlenverbrauches betrifft nun aber beide Geschlechter annähernd in gleichem Maße. Es handelt sich daher nicht, wie bei der Lungentuberkulose, wesentlich um Einflüsse der Beschäftigung, sondern jedenfalls auch um solche des bloßen Aufenthaltes in den betreffenden Städten.

c) Die Nebel.

Nicht zufällig ist es, daß mit einer Vermehrung der Rauchplage in den Großstädten ein Häufigerwerden der Nebel einhergeht.

A. und H. Wolpert[1]) äußern sich über Nebelbildung folgendermaßen: „Nach den Untersuchungen, die Aitken und v. Helmholtz 1886 über Nebelbildung angestellt haben, kann nur an festen oder flüssigen Körpern und in der freien Atmosphäre nur dort, wo die Luft bereits mit festen oder flüssigen Teilchen geschwängert ist, ein weiterer Niederschlag sich bilden. Die Sättigung der Luft mit Wasserdampf ist weder die notwendige noch die hinreichende Voraussetzung für die Nebelbildung; denn einerseits ist es möglich, gesättigte Luft unter den Taupunkt abzukühlen, ohne daß sich Feuchtigkeit niederschlüge, wenn ihr nämlich Staubkerne mangeln; andererseits gibt es Nebel, die den Luftkreis auch dann noch erfüllen, wenn dieser nicht mehr vollständig gesättigt ist." London hat jährlich mindestens 30 bis 50 Nebeltage; die meisten im Winter.

Nach Rubner gab es vom Dezember bis Februar in London: 1870 bis 1875 93, von 1875 bis 1880 119, von 1880 bis 1885 131 und von 1885 bis 1890 156 Nebel.

Nach demselben Schriftsteller erkennt man auch in Hamburg die Wirkungen der Großstadt auf die Erzeugung von Nebeln; es hat jährlich 126 Nebeltage, Helgoland 39 und Sylt 43. Die Nebel sind in den Städten nach Rubner viel häufiger als auf dem Lande, im Winter häufiger als im Sommer. Sie werden namentlich Personen von zarter Gesundheit schädlich. Sie machen die Kälte in erhöhtem Maße empfindlich.

d) Das Licht.

Rauchentwickelung und Nebel vermindern die Wirkung des Sonnenscheines in den Städten. Für das Land ist vielfach die mehrfache Zahl von Sonnenscheinstunden im Jahr von der der Großstädte festgestellt worden. Überdies wird in der Stadt der Zutritt von Licht und Sonnenschein durch die Enge der Straßen und Höfe und die Höhe der Häuser beschränkt. Es gibt in den Großstädten zahlreiche Wohnungen an Höfen, in Hintergebäuden und Kellern, die ohne Sonnenschein sind.

Die unmittelbar wohltätige Wirkung des Sonnenscheines auf die Sinne und das Gemüt ist bekannt. Die Sonnenstrahlen sind, vermöge ihrer keimvernichtenden Kraft, für die Reinigung der Luft, des Wassers und des Bodens von Ansteckungsbakterien unersetzbar. Sonnenschein und Wärme gehen in

---

[1]) A. und H. Wolpert, „Theorie und Praxis der Ventilation und Heizung". 4. Aufl., Bd. II, S. 61.

ihrem Auftreten miteinander einher. Sonnenbeschienene Wände sind trocken und porig, befördern daher sowohl die natürliche Ventilation der Wohnräume, als sie wegen dieser Trockenheit und Porigkeit schlechte Wärmeleiter sind und einen besseren Kälteschutz gewähren als sonnenlose und feuchte Wände.

Der Italiener sagt daher mit vollem Rechte: Dove non va il sole, va il medico; wo die Sonne nicht hinkommt, kommt der Arzt hin.

Die häufige Lichtlosigkeit der städtischen Wohngelasse verursacht eine Schwächung des Sehvermögens. Wasserfuhr äußert sich hierzu wie folgt: „Dieser Schaden ist gerade für unsere Nation besonders hoch zu veranschlagen, weil sich dieselbe ohnehin durch Schwachsichtigkeit in bedauerlicher Weise vor ihren Nachbarvölkern auszeichnet. Nirgends trifft man so viele Personen jeden Alters, männliche und weibliche, welche Brillen und Kneifer tragen, wie in Deutschland, und wenn man im Auslande einem Herrn oder einer Dame mit dergleichen Instrumenten über der Nase begegnet, spricht die Vermutung immer dafür, daß man es mit Deutschen zu tun habe."

e) Boden und Wasser

Die Verunreinigung des Bodens in den Städten haben wir bei Besprechung der gasigen und der staubförmigen Luftverunreinigungen bereits berührt. Nach Blasius, erwähnt in Weyls Handbuch der Hygiene (Städtereinigung), entfallen an menschlichen und tierischen Abfällen, an Haus- und Straßenkehricht, sowie an festen gewerblichen Abfällen, was alles aus der Stadt zu entfernen ist, ausschließlich Abwässer, auf jeden Bewohner Braunschweigs jährlich 890 kg, in festem, wasserfreiem Zustande etwa 279 kg. Die Entfernung der Abfallstoffe geschah früher fast allgemein in allerunvollkommenster Weise. Wie man an der Einsenkung der Fußböden älterer Kirchen in das umliegende Gelände sehen kann, hat sich durch die allmähliche Anhäufung der Abfallstoffe dieses Gelände in den Städten meist sehr erheblich erhöht.

Organische Stoffe, die den Hauptinhalt der städtischen Abfälle bilden, gehen bei genügendem Zutritt von Sauerstoff in Verwesung über, ist aber der Luftzutritt ungenügend, so geraten sie in Fäulnis. 1 ha Boden ist im Stande, die Abfallstoffe von 80 Menschen in der oben pro Kopf angegebenen Menge zur Verwesung zu bringen oder zu mineralisieren. Da aber in den dichtbebauten Städten 800 und darüber Einwohner auf 1 ha kommen, wird in den Städten meist nicht Verwesung, sondern Fäulnis der für die Verarbeitungskraft des Bodens zu großen Menge der organischen Stoffe eintreten.

Es bleibt nicht allein bei der, oft bis in größere Tiefen gehenden, Durchsetzung des Bodens mit faulenden Stoffen. Durch Tageswässer bewirkte Auslaugungen der faulenden Stoffe verunreinigen auch das Grundwasser, die Flachbrunnen und die Wasserläufe. In diese finden aber auch von den Bewohnern ausgestreute Ansteckungskeime ihren Weg und ist die Verbreitung derselben durch das Wasser viel bedrohlicher als die durch die Luft.

In den größeren Städten sind allerdings, im Vergleiche zu früher, merkliche Fortschritte in der Beseitigung der Abfallstoffe gemacht worden. Auch für die Reinigung des durch die frühere Nichtbeseitigung verunreinigten Untergrundes ist in zahlreichen größeren Städten namentlich durch

Kanalisation löbliches erreicht worden. Wo Kanalisation durchgeführt ist, ist die Typhussterblichkeit außerordentlich eingeschränkt und nicht selten schon geringer als auf dem Lande geworden.

Auch die Trinkwasserverhältnisse sind infolge Ausführung von Wasserwerken in zahlreichen Städten einwandsfreier geworden, als sie auf dem Lande sind.

f) Städtische und ländliche Lebensweise.

Wir können die Verschiedenheit des vielfach ausschlaggebenden Einflusses der städtischen Berufe einerseits und der ländlichen andererseits als außerhalb des Rahmens, den wir uns gestellt haben, liegend, nur flüchtig andeuten. Der Stadtbewohner ist im allgemeinen, wie erwähnt, durch seinen Beruf, im Gegensatz zum Landmann, auf geschlossene Arbeitsstätten mit oft durch Menschenansammlung verdorbener Luft angewiesen. Es fehlt ihm vielfach auch die für die Gesundheit unentbehrliche Muskelübung, sowie die berufsmäßige Veranlassung, sich gegen Witterungsverhältnisse abzuhärten. Nicht wenige städtische Berufe erzeugen ausschließlich eine Ermüdung des Gehirnes und des Nervensystemes[1]). Der Städter hat seinen Beruf meist in genau einzuhaltenden Arbeitszeiten oft in fliegender Hast, oder mit spekulativer Tätigkeit verbunden, zu erledigen, während der Landmann seinem allerdings schweren Berufe großenteils mit mehr Gemächlichkeit nachgeht.

Die nicht vom Berufe abhängige Lebensweise, wie sie allein durch das Wohnen, den Aufenthalt in Stadt oder Land als solchem bedingt wird, haben wir hier etwas näher zu betrachten. Es übt die Verschiedenheit dieser durch das bloße „Wohnen“ in der Stadt oder auf dem Lande bedingten Lebensweise ebenfalls eine gegensätzliche Wirkung auf unsere Gesundheit aus. Das ländliche Wohnen veranlaßt uns allein schon zu einem vermehrten Aufenthalte im Freien und zu einer ausgiebigen Betätigung im Freien. Männer und Frauen setzen sich auf dem Lande mehr den Witterungseinflüssen aus und bleiben im Gegensatze zu den Stadtbewohnern, die leichter der Verweichlichung anheimfallen, wetterhart. Wenn auch der Landbewohner, z. B. der städtische Vorortbewohner, nicht zugleich Landbebauer ist, hat er doch leichter als der Stadtbewohner Gelegenheit und Veranlassung, sich mit Gartenarbeit zu beschäftigen und sich auch sonst abzuhärten. Abgehärtetsein deckt sich nun aber in umfassender Weise mit Gesundbleiben.

Von erheblichem Einflusse auf die Gesundheit sind bei den Angehörigen der gebildeteren Klassen die gegensätzliche Lebensanschauung und Lebensgewöhnung in Stadt und Land. Die Befriedigung ihrer mehr und mehr verfeinerten und vergeistigten Lebensbedürfnisse verzärtelt die Stadtbewohner, Männer wie Frauen, oft und läßt sie zur Entwickelung ihrer körperlichen Leistungsfähigkeit im allgemeinen meist in geringerem Grade kommen, als dies bei den Landbewohnern der Fall ist, welche vermöge der Befriedigung ihrer vielfach derber gestalteten Lebensbedürfnisse doch mehr auf die Übung und Stählung des Körpers hingewiesen werden.

Gesundheitlich nachteilig wirkt auch der städtische Lärm, der sich namentlich in der Großstadt bei Gesunden und Kranken oft bis zur Unerträglichkeit steigert. Der Stadtbewohner ist vorwiegend auf gesellige Zer-

[1]) Vgl. Rubner, Hygienisches von Stadt und Land.

streuungen angewiesen, die auf stärkere Nervenerregung hinauslaufen. Der häufigere Wirtshausbesuch der Stadtbewohner, der zu diesen Zerstreuungen gehört, ist für die Gesundheit schädlich.

Wie günstig Wohnungen mit freier Umgebung auf die Wahl einer gesundheitsgemäßeren Art der Zerstreuung in den arbeitsfreien Stunden und auf Gewöhnung des Volkes an Betätigung im Freien, an Bewegungsspiele u. dgl. einwirken, zeigt uns das Beispiel Englands. Dort wird z. B. bei neueren, in freier Umgebung liegenden Arbeiterhausanlagen die Anlage eines Fußballplatzes meist als festes Erfordernis angesehen, und wird ein Fabrikherr die Herrichtung eines solchen Platzes beim Neubau solcher Arbeiterhausanlagen in seinem eigensten Interesse kaum unterlassen.

Die gesundheitlichen Vorzüge ländlichen Wohnens machen sich für das Kindesalter in besonders erhöhtem Maße geltend. Körper und Sinne bilden sich kräftiger aus, und ist außerhalb der Stadt wohnenden Kindern viel eher eine frische, fröhliche Jugendzeit gewährleistet als den Stadtkindern. Die Kinder gedeihen in ländlichen Wohnungen meist von selbst, während dies Gedeihen in den eng gebauten Teilen größerer Städte trotz vieler kostspieliger Aufwendungen (Spazierenführen der Kinder u. dgl.) doch öfter zu wünschen läßt.

Dieses bessere körperliche Gedeihen der Kinder ist auch als Hauptbeweggrund für den immerhin schon beachtenswerten Zuzug von Bewohnern aus der Stadt anzunehmen, dessen sich z. B. die Vororte Berlins zu erfreuen haben.

4. Abschnitt. Wirkung des Gegensatzes von Stadt und Land auf die geistige Gesundheit und die sittlichen Zustände.

Wir besprechen die geistige Gesundheit hier gesondert, obwohl sie zu einem großen Teile auf der leiblichen Gesundheit ihre Grundlage hat. Mens sana in corpore sano. Vieles, was unter dem landläufigen Ausdruck „geistige Gesundheit" verstanden wird, ist leibliche Gesundheit.

Das Leben in größeren Städten wird durch ein viel größeres Maß von geistigen Eindrücken, denen wir durch den äußeren Verkehr, durch die Beziehungen zu einer großen Anzahl von Menschen ausgesetzt sind, gekennzeichnet. Namentlich in Großstädten wird dies Maß leicht zu einem Übermaß. Auf dem Lande kann, zumal in den breiteren Volksschichten, von einem solchen Übermaß kaum gesprochen werden. Das ländliche Wohnen bringt vielmehr den Menschen der Natur näher und gestattet eine gesunde Betätigung der Sinne. Das Anschauen und Verfolgen der Vorgänge in der Natur sind unserem Gemüt wohltuend und fördern das Gleichgewicht unserer Seelenkräfte.

Das Leben in ländlichen Orten, die Beschäftigung in Garten und Feld begünstigen in uns die Verfolgung näher liegender, praktischer Lebensziele und behüten unsere Einbildungskraft davor, sich in unerreichbaren Plänen zu ergehen.

Dem Stadtbewohner bieten sich nach der Tagesarbeit Genüsse und Anregungen in Fülle, als Konzerte, Theater usw., dar. Da aber schon die Tagesbeschäftigung oft einseitig geistig ist, werden diese mit geistiger Erregung verbundenen abendlichen Genüsse nicht selten die geistige Ermüdung in schädlichem Grade steigern und dem Städter dauernde Nervosität eintragen.

Nervenschwäche ist aber gleichbedeutend mit Herabsetzung der geistigen Leistungsfähigkeit, und nähert sich stufenweise einer ernsten Krankheit. Nach Tabelle 2 war 1877 die Sterblichkeit an Gehirnkrankheiten in Preußen, wie bereits erwähnt, in den Städten bei Männern und bei Frauen mehr als dreimal so groß als auf dem Lande. Wenn nun auch dies Überwiegen der Geisteskrankheiten bei den Stadtbewohnern vielfach auf die Wirkung der geistig aufreibenderen städtischen Berufe zurückzuführen sein mag, wird auch ein guter Teil dieses Überwiegens der ungünstigeren Lebens- und Wohnweise der Stadtbewohner zur Last zu legen sein. Zeigen doch für diese Geisteskrankheiten die Sterbezahlen der städtischen Frauen, bei denen die Einwirkung der Berufe zurücktritt, wie schon früher erwähnt, das gleich ungünstige Bild wie die Sterbezahlen der städtischen Männer.

Von großem Einflusse auf die geistige Gesundheit sind die zum Teil voneinander verschiedene äußere Sitte und die sittlichen Zustände in Stadt und Land. Das Verhältnis der Menschen zur äußeren Sitte und auch zur Sittlichkeit wird merklich durch den Umstand beeinflußt werden, daß die Bewohner auf dem Lande und in kleinen Städten in geschlossenen Kreisen von geringem Umfange leben, innerhalb deren einer den anderen genau kennt und einer sich von dem Urteil und Beifall des anderen auf Schritt und Tritt bestimmen läßt, während dieser Umstand bei den Großstadtbewohnern viel mehr zurücktritt, die sich meist leicht der Beobachtung und der Beeinflussung durch ihre Nachbarn usw. entziehen können.

Eine Bestätigung letzterer Ansicht finden wir bei Hansen[1]), welcher eine in lebhafter Darstellung gehaltene Auslassung Alexander v. Öttingens aus dessen Moralstatistik wie folgt wiedergibt:

„Nach ihm (Alexander v. Öttingen) neigt zwar die ländliche Bevölkerung lange nicht in so hohem Grade, wie die städtische, zur Prostitution, zum Verbrechen und zum Selbstmord; sobald sie aber die Tore der Stadt hinter sich hat, ändert sie ihren Charakter vollständig.“ Alexander v. Öttingen kennt auch den Grund. „Wo kein bindendes Interesse der Liebe vorhanden“, so sagt er, „da ist die Gefahr des Verbrechens eine doppelte und dreifache. Der heiße Schmerz über die Verletzung der Nahestehenden ist selbst für den Gottlosen ein bewahrendes Moment. Daher auch in den großen Städten die kolossale Kriminalbeteiligung solcher, die an Ort und Stelle fremd, nicht ansässig sind. Das psychologische Motiv ist ein ähnliches, wie bei der Prostitution. Niemand kümmert sich um meine Ehre in dem wüsten Menschengetriebe: so gehe ich denn meinen Weg ohne alle Rücksicht fort.“

Die sozialen Mißstände in den Großstädten nach einer der in vorstehender Anführung angedeuteten Richtungen finden in den Zahlen der Tabelle 9 einen sprechenden Ausdruck. Danach beträgt die Erkrankungsziffer an Geschlechtskrankheiten für die Hauptstadt Kopenhagen das 47fache von der für das platte Land Dänemarks. Wenn diese Mißstände auch vorwiegend das Gebiet der „leiblichen“ Gesundheit berühren, wird ihnen

---

[1]) A. a. O., S. 196.

Tabelle 9.

Für Dänemark, wo Anzeigepflicht für Geschlechtskrankheiten besteht, wird folgende Statistik in der Deutschen Vierteljahrsschrift für öffentliche Gesundheitspflege 1898, S. 530, von Dr. Martin Brasch mitgeteilt:

In den Jahren von 1874 bis 1885 erkrankten:	pro Mille der Einwohnerzahl, jährlich	
	an Geschlechtskrankheiten	davon Syphilis
in Kopenhagen	29·02	4·16
in den Provinzen	1·36	0·24
in den größeren Provinzialstädten	5·16	0·80
auf dem platten Lande	0·62	0·14

doch auch ein wesentlicher Einfluß auf die geistige Lebensluft einer Stadt und auf die geistige Gesundheit ihrer Bewohnerschaft zuzusprechen sein.

Brasch hat die Zahl der in dem Jahre 1890 in Berlin vorgekommenen Erkrankungen an Gonorrhoe auf 30000 bis 36000 (2 bis 2·4 Proz. der Bevölkerung) berechnet. Die Zahl der in einer bestimmten Reihe von Jahren daran erkrankt Gewesenen ist sehr viel größer und ist sie ein großer Bruchteil, namentlich der Zahl des lebenden männlichen Zeitgeschlechtes, einer Großstadt. Nach Nöggerath werden die Erkrankungen an Gonorrhoe vielfach nur scheinbar geheilt, und haben sie dann großenteils verhängnisvolle Folgen für das Familienleben und die Nachkommenschaft der hieran erkrankt gewesenen [1]). Nach Blaschko beträgt für Berlin die entsprechende Zahl der Erkrankungen an Syphilis 5000 (4 pro Mille der Bevölkerung).

Das häufige Sichtbarwerden der durch diese Zahlen in ihrer großen Ausbreitung gekennzeichneten Prostitution in der Öffentlichkeit und ihres Treibens im öffentlichen Verkehr wird auch für die heranwachsende Jugend der Großstädte nicht selten von bedenklichem Einfluß werden.

Man könnte fragen, welchen Zusammenhang unser Eingehen auf die eben erwähnten sozialen Mißstände der Großstädte mit der Erörterung unseres Themas: „Dichter und weiträumiger städtischer Anbau“ habe. Man kann antworten, daß lichte, weiträumig gebaute, schlupfwinkelfreie Stadtteile, namentlich locker und luftig angelegte Vororte mit gut geordnetem Wohnungswesen, auch in bezug auf die Einschränkung der eben gekennzeichneten sozialen Übel eine entschiedene Überlegenheit über die dichtbebauten Großstadtviertel mit ihren Riesenhäusern und Massenwohnungen besitzen.

Wir können nicht umhin, noch eine soziale Erscheinung, die in den Großstädten unvorteilhaft auffällt, nämlich das Überwiegen der Zahl der unehelichen Geburten gegenüber dem platten Lande, zu berühren. Wir tun dies allerdings weniger aus dem Grunde, weil dieser Mißstand gerade besonders mit unserem Thema zusammenhinge, als vielmehr, um auch das allgemeine Bild, das wir bisher von dem Gegensatz von Stadt und Land gewonnen haben, an dieser Stelle wenigstens etwas zu vervollständigen.

[1]) Dr. Löblowitz, „Frauenasyle“. Deut e Vierteljahrsschrift f. öffentl. Gesundheitspflege 1900, S. 567.

Die Zahl der unehelichen Geburten wird von zahlreichen Schriftstellern weniger als Gradmesser für die Sittlichkeit, als vielmehr als Kennzeichnung gewisser, innerhalb einer Bevölkerung bestehender sozialer Verhältnisse aufgefaßt.

Tabelle 10.

Die Zahl der unehelichen Geburten betrug [1]):	im Jahre	Prozent der ehelichen
Preußen	1878	7·45
Westfalen	1879	2·64
Deutsches Reich	1878	8·58
Berlin	1871?	15·40
Breslau	1868 bis 1874	18·57
Hamburg	1871?	13·85

Nach Tabelle 10 übertrifft der Vomhundertsatz der unehelichen Geburten deutscher Großstädte erheblich den Durchschnitt Preußens und des Deutschen Reiches. Noch viel stärker zeigt sich dieser Gegensatz zwischen Paris und ganz Frankreich. Nach Lagneau, erwähnt bei Ballod, a. a. O., gab es im Jahre 1886 in Frankreich 91·5 Proz. eheliche und 8·5 Proz. uneheliche Kinder, in Paris 72·4 Proz. eheliche und 27·6 Proz. uneheliche Kinder.

Aus der vorstehenden Erörterung einiger unerfreulicher Erscheinungen der Großstadtverhältnisse möge nicht selbst für die Großstädte gefolgert werden, daß die allgemeine Sittlichkeit zurückgegangen sei. Sehr beachtenswerte Forscher (Hüppe, Handbuch. S. 654) führen an, daß für Mitteleuropa im letzten Jahrhundert sogar ein durchschlagender Fortschritt in der allgemeinen Sittlichkeit zu verzeichnen sei.

Was insbesondere das der Bevölkerung der Großstädte innewohnende große Maß von geistigem Können, dessen sie zur Erfüllung ihrer erweiterten Aufgaben so sehr bedarf, betrifft, so führen wir eine diesbezügliche Auslassung Professor Eulenburgs an, worin er der geistigen Bedeutung der Großstadtbevölkerung ein hervorragend hohes Maß zuweist, und worin er unter anderem der Ansicht entgegentritt, als ob die Großstädte nur Orte sind, in denen eine große Zahl von Kleinstädtern wohnen [2]). Er sagt: „„Denn, indem eine Masse von Kleinstädtern in einer Großstadt zusammenwohnt, wird aus ihnen durch Luft und Umgebung, durch den genius loci, vor allem aber durch die gegenseitige Beeinflussung unmerklich etwas ganz anderes, etwas — in gewissem Sinne wenigstens — intellektuell Überlegenes: eben die „Großstadtbevölkerung“ mit ganz anderen Welt- und Lebensanschauungen, mit viel weiteren Horizonten, weiter gesteckten Zwecken und Zielen und vor allem mit weiter reichenden Mitteln zu ihrer erfolgreichen Durchführung.““ Wir halten die Anführung dieser Worte Eulenburgs für eine notwendige Ergänzung zu unseren vorherigen Erörterungen

[1]) Nach Hanshofer, Lehrbuch und Handbuch der Statistik. Wien 1882.

[2]) „Nervenhygiene in der Großstadt“, Vortrag Prof. A. Eulenburgs, gehalten auf Veranlassung des Deutschen Vereins für Volkshygiene. Zeitschr. „Die Woche“, 1902, Nr. 9.

und behalten uns vor, auf die Bedeutung der Städte und Großstädte für den menschlichen Fortschritt noch des näheren zurückzukommen.

Wie wir die Vorzüge ländlichen Wohnens für die körperliche Gesundheit, besonders der Kinder, haben hervorheben können, so können wir dies auch bezüglich der geistigen Gesundheit tun. Die Überfülle der geistigen Eindrücke des Stadtlebens und die dauernde geistige Beanspruchung belasten wohl nicht selten die Tragkraft des noch nicht gefestigten Fassungsvermögens des Kindes übermäßig, und beeinträchtigen manchmal durch Überspannung die Schnellkraft des kindlichen Geistes für lange Zeit. Der Geist des in stillerer, ländlicher Umgebung sich langsamer entwickelnden Kindes wird eher ein festes Gefüge erhalten, und wird er den Angriffen des späteren Lebens sich öfter als widerstandsfähiger erweisen, als der des Stadt- und des Großstadtkindes.

Viele Dinge in der Natur, die dem Kinde und der heranwachsenden Jugend auf dem Lande durch unmittelbare Anschauung früh geläufig werden, lernt das Kind, namentlich das der unbemittelten Stände, der Großstädte meist nur mangelhaft und in späteren Jahren kennen. Der Mangel der Anschauungen von den Dingen der Natur, welche der unerläßliche Unterbau für ein gesundes Fühlen und Denken sind, wird durchaus nicht ganz beim Stadtkinde durch die im allgemeinen bessere Schulbildung, welche es empfängt, und durch die Vertrautheit mit den Verhältnissen des städtischen Lebens, ausgeglichen.

Hansen spricht sich über diesen Mangel der Anschauung der Dinge und der Vorgänge in der Natur und auch über die dem Stadtkinde minder gebotene Gelegenheit, die Verhältnisse der menschlichen Gesellschaft zutreffend kennen zu lernen, auch aus. Er sagt[1]: „Sodann herrscht, trotz der Gleichartigkeit der Beschäftigung, unter den Bauern keine Konkurrenz. Der Gewinn des einen ist nicht der Verlust des anderen“ usw. . . . „Es ist klar, daß ein Kind, das in solcher Umgebung aufwächst, vieles vor dem Stadtkinde voraus hat. Statt der vier Wände des Kinderzimmers hat es Wald und Feld; ihm brauchen nicht Spielwarenkästen und Bilderbücher eine kümmerliche Vorstellung von den lebendigen Geschöpfen zu geben“ usw. . . . „Dazu kommt das Leben im Dorfe. Die Einwohnerzahl ist nicht so groß, daß nicht ein jeder alle Dorfgenossen kennen lernen könnte. Und nicht bloß oberflächlich, sondern durch häufige Berührung in den verschiedensten Beziehungen, in Freude und Trauer, in Liebe und Haß. Wer aber hundert Menschen gründlich kennt, der kennt sie alle, der kennt die Menschen überhaupt. Das Stadtkind dagegen sieht zwar in einer Stunde vielleicht mehr Menschen, als das Dorfkind im ganzen Jahr. Aber was sieht es von ihnen? Eilig und gleichgültig hastet alles aneinander vorüber, ohne daß einer sich um den andern kümmert.“

Was den Einfluß des Berufes auf die geistige Gesundheit betrifft, so haben wir zur Ergänzung des schon im vorigen Abschnitte Angedeuteten nur wenig hinzuzufügen.

In den städtischen Berufen gibt es, wie erwähnt, meist bestimmte, genau einzuhaltende Arbeitszeiten; ohne solche wären die Aufgaben der Ver-

---

[1]) A. a. O., S. 162 ff.

waltung und des Handels nicht zu lösen. Durch scharfe geistige Anspannung sollen hier oft sogleich sichtbare Erfolge erzielt werden, während der Landmann auf Erfolge hinarbeitet, die oft erst nach langen Fristen eintreten sollen.

Während die geistige Tätigkeit im ländlichen Berufe meist dem eigenen Betriebe gilt, bei dem das Maß der Leistung sich von selbst nach dem Maße der Leistungsfähigkeit regelt, handelt es sich in den städtischen Berufen viel öfter um eine Tätigkeit „nicht" im eigenen Betriebe, sondern als „Angestellter" [1]). Bei letzterer Tätigkeit muß sich umgekehrt das Maß der Leistung nach den von „anderen" festgesetzten Anforderungen eines meist zahlreiche Menschen umfassenden, kunstreich zusammengesetzten Betriebes richten. Hierbei können die Anforderungen nicht immer so abgewogen werden, daß sie nicht oft dauernd den Einzelnen erheblich über seine natürliche Leistungsfähigkeit hinaus belasten und diese vorzeitig untergraben.

Kapitel II. Stockwerkhaus und Einfamilienhaus.

1. Abschnitt. Allgemeines und Statistisches.

Wir haben den Gegensatz von dichtem und von weiträumigem städtischem Anbau in bezug auf die Gesundheit an dem in die Augen springenden Gegensatze des Wohnens in der Stadt und auf dem Lande deutlich zu machen versucht. Der Gegensatz von Stockwerkhaus und Einfamilienhaus ist ebenfalls ein sehr ausgeprägter. Durch seine Erörterung hoffen wir jene gegensätzliche Wirkung des dichten und des weiträumigen städtischen Anbaues noch klarer hervortreten lassen zu können, wobei wir zudem im großen und ganzen annehmen können, daß das Stockwerkhaus von der dichten Bebauung bedingt wird, und daß die Vorbedingung für das Einfamilienhaus im allgemeinen die weiträumige Stadtbebauung ist.

In Deutschland ist man sich des Gegensatzes von Stockwerkhaus und Einfamilienhaus vor noch nicht langer Zeit, und zwar vornehmlich durch Bekanntwerden englischer Wohnverhältnisse, auf welche maßgebende Schriftsteller immer von neuem hingewiesen haben, bewußt geworden. Die Zusammenstellung der auf je ein Haus in verschiedenen europäischen Haupt- und Großstädten durchschnittlich entfallenden Bewohnerzahlen — wie sie Tabelle 11 aufweist — zeigt, wie verschieden diese Zahlen sind, und wie

Tabelle 11.

Nach Stübben, „Der Städtebau" (1890), im Handbuch der Architektur, beträgt die Zahl der Einwohner durchschnittlich für jedes Haus in:

Stadt	Einwohner	Stadt	Einwohner	Stadt	Einwohner
London	7	Düsseldorf	16·8	Paris	36
Lüttich	7·6	Aachen	17·5	Magdeburger Stadterweiterung	47·5
Rotterdam	8·4	Dortmund	18·5	Breslau	50
Philadelphia	9	Stuttgart	22	St. Petersburg	55
Brüssel	9	München	28	Wien	63
Köln	14	Chemnitz	34		
		Berlin	63		

[1]) Nach Fr. Zahn (Conrads Jahrbücher 1901) gab es im Deutschen Reiche nach der Berufszählung von 1895 selbständige (nicht angestellte bzw. nicht gelöhnte) Erwerbstätige (nebst Familie): in der Landwirtschaft 83·02 Proz., in Handel und Verkehr 50·84 Proz., in der Industrie 46·36 Proz. der Angehörigen der einzelnen Berufe.

abweichend voneinander die in diesen einzelnen Städten herrschende Wohnweise ist.

In England ist das Wohnen im Einfamilienhause immer die festgehaltene Art zu wohnen geblieben, und ist diese Sitte von dort nach Amerika verpflanzt. Erst in den letzten Jahrzehnten finden sich in England unerhebliche Ausnahmen von dieser Sitte. In Deutschland ist das Einfamilienhaus bis ins 16. Jahrhundert hinein auch das gebräuchliche gewesen.

Die nebenstehende Tabelle 12 ist ein Auszug aus einer von Dr. Bleicher zusammengestellten statistischen Übersicht, welche der Versammlung des Deutschen Vereins für öffentliche Gesundheitspflege im Jahre 1894 bei der Besprechung über ein dem unserigen fast gleiches Thema unterbreitet worden ist. Die Tabelle ergibt, wie sehr in Deutschland das Stockwerkhaus vor dem Einzelhause — in scharfem Gegensatze zu England — vorwiegt.

In den Städten von über 100000 Einwohnern kommen in Deutschland 1890 nach dieser Tabelle im Gesamtdurchschnitte 23·6 Einwohner und 5·3 Haushaltungen auf ein bewohntes Gebäude, in England 1891 6·1 Einwohner und 1·31 Haushaltungen auf ein bewohntes Haus. Die entsprechenden Zahlen für die Städte über 50000 bis 100000 Einwohner sind für Deutschland 18·5 Einwohner und 4·0 Haushaltungen, für England 5·5 Einwohner und 1·13 Haushaltungen. Mit Ausschluß von London entfallen in allen Städten Englands von über 100000 Einwohner im Durchschnitt nur 1·08 Haushaltungen auf ein bewohntes Haus, was nicht in Tabelle 12 enthalten ist.

Die Sitte des Wohnens im Einfamilienhause kann nach den angeführten Zahlen selbst für den englischen Arbeiter der ungeheuer anwachsenden Großstädte als eine gefestete, ja fast ausschließlich übliche angesehen werden. Dies lehrt auch z. B. in London der Augenschein.

Für die bedeutendsten deutschen Großstädte kann man dagegen annehmen, daß der Arbeiter fast lediglich in Wohnkasernen wohnt. Unter den deutschen Städten über 50000 Einwohner sind nur zwei, welche bezüglich der auf je ein Gebäude entfallenden Kopfzahl mit den englischen Städten überhaupt verglichen werden können. Es sind dies Bremen mit 7·6 und Lübeck mit 8·7 Einwohnern (1890). Die Kopfzahl für das Haus wird für London für das Jahr 1866 zu 7·7 angegeben. Sie hat sich nach der Tabelle bis 1891, wo sie 7·6 ist, also noch etwas verringert, während die Kopfzahl für Berlin schon von 1880 bis 1890 erheblich gestiegen ist, nämlich von 44·9 auf 52·6.

Im Gesamtdurchschnitt der Teile A und B der Tabelle, also für alle Städte über 50000 Einwohner, ist in Deutschland in dem zehnjährigen Abschnitte die auf ein bewohntes Gebäude entfallende Bewohnerzahl von 22·1 auf 22·5 gestiegen, in England ist die entsprechende Zahl von 6·2 auf 6·0 für ein bewohntes Haus gefallen.

Der englische Arbeiter ist bezüglich des Vorzugs des Wohnens im Einfamilienhause nicht allein dem deutschen Arbeiter, sondern auch den Angehörigen der Mittelklassen und selbst meist den Angehörigen der oberen städtischen Gesellschaftsklassen Deutschlands überlegen.

2. Abschnitt. Leibliche Gesundheit.

Der Gegensatz der Einwirkungen von Stockwerkhaus und Einfamilienhaus, oder von Wohnkaserne und Einzelhaus, auf die leibliche Gesundheit

Tabelle 12.

Die Bewohnungsdichtigkeit in den größeren Städten Deutschlands und Englands.

Nach Dr. Bleicher. In der Deutschen Vierteljahrsschrift für öffentliche Gesundheitspflege 1895, S. 104.

Laufende Nr.	Name der Städte	Auf ein bewohntes Grundstück treffen Bewohner	Auf ein bewohntes Gebäude treffen		
			Bewohner		Haushaltungen
		1890	1880	1890	1890
	I. Deutsches Reich.				
	A. Städte von über 100 000 Einwohnern:				
1	Berlin	73·0	44·9	52·6	12·3
2	Breslau	49·7	33·2	35·4	8·2
3	Dresden	35·6	32·6	27·4	6·3
4	München	31·9	19·2	22·4	5·1
5	Hamburg	34·1	16·2	20·1	4·5
6	Frankfurt a. M.	19·7	15·4	16·7	3·5
7	Köln	14·6	13·5	13·9	3·0
8	Bremen	—	7·1	7·6	2·2
	Im Durchschnitt A. (einschließlich auch der hier nicht aufgeführten Städte dieser Klasse)	34·5	22·8	23·6	5·3
	B. Städte von über 50 000 bis 100 000 Einwohnern:				
1	Charlottenburg	—	17·8	37·0	7·2
2	Mainz	—	21·8	21·9	4·6
3	Wiesbaden	—	20·9	18·3	3·9
4	Essen	—	13·5	16·2	3·3
5	Lübeck	9·6	—	8·7	2·0
	Im Durchschnitt B. (einschließlich auch der hier nicht aufgeführten Städte dieser Klasse)	18·9	19·2	18·5	4·0
	Gesamtdurchschnitt A. u. B.	32·7	22·1	22·5	5·2
	Ohne Berlin	26·3	19·4	19·6	4·4

Laufende Nr.	Name der Städte (Urban Sanitary Districts)	Auf ein bewohntes Haus treffen		
		Bewohner		Haushaltungen
		1881	1891	1891
	II. England und Wales.			
	A. Städte von über 100 000 Einwohnern:			
1	London	7·9	7·6	1·7
2	Liverpool	6·0	5·7	1·2
3	Manchester	5·1	5·0	1·04
4	Birmingham	5·1	5·0	1·04
5	Leicester	4·9	4·9	1·01
6	Sheffield	5·0	4·8	1·01
7	Leeds	4·8	4·7	1·01
	Im Durchschnitt A. (einschließlich auch der hier nicht aufgeführten Städte dieser Klasse)	6·3	6·1	1·31
	B. Städte von über 50 000 bis 100 000 Einwohnern:			
1	Plymouth	9·4	8·7	2·0
2	Bath	6·0	5·8	1·4
3	Southampton	5·7	5·3	1·2
4	Grimsby	5·3	4·9	1·02
5	Rochdale	4·6	4·3	1·006
	Im Durchschnitt B. (einschließlich auch der hier nicht aufgeführten Städte dieser Klasse)	5·6	5·5	1·13
	Gesamtdurchschnitt A. u. B.	6·2	6·0	1·27
	Ohne London	5·4	5·3	1·02

berührt sich in vielen Beziehungen mit dem Gegensatze von Stadt und Land. Luft, Licht und Sonne haben zu dem Einzelhause einen unbeschränkteren Zutritt als zu den Räumen des Stockwerkhauses. Letztere sind bezüglich ihrer Lüftung oft nur auf die meist bedenkliche Luft schachtartiger Höfe oder auf die verbrauchte Luft der sie umschließenden Räume der Nachbarwohnungen angewiesen [1]).

Die Wohnungen in den festländischen Mietshäusern sind oft drei, vier, in Großstädten manchmal sogar fünf Treppen hoch gelegen. Dieser Umstand erschwert, namentlich für kleine Kinder und Kranke, die des Genusses der Außenluft am wenigsten entbehren können, das Insfreiegelangen außerordentlich. Das tägliche Ersteigen so großer Höhen wirkt auf die Gesundheit von schwächlichen Personen und Frauen oft bedenklich ein. Baumeister sagt a. a. O.: „Bei kinderreichen Familien ist das Spazierenführen der Kinder bei Stockwerkswohnungen eine unbequeme und wenig ausreichende Sache.“

Die in einem Mietshause bestehende größere Gefahr der Verbreitung ansteckender Krankheiten ist schon berührt. In einem z. B. von 40 Personen bewohnten Mietshause mit gemeinsamen Fluren, Treppen, Korridoren und mit gemeinsamem Hofe sind viel mehr Personen der Ansteckung durch einen mit einer ansteckenden Krankheit behafteten Bewohner des Hauses ausgesetzt, als durch „einen“ solchen Kranken in einem z. B. von sieben Personen bewohnten Hause bedroht sind.

Es kommen für die durch das Haus verursachte Ansteckungsgefahr besonders die Krankheiten mit einem flüchtigen Kontagium, namentlich die hitzigen Hautausschläge, wie Pocken, Masern, Röteln und Scharlach, sodann Keuchhusten und Diphtherie, welche besonders Kinder befallen, ferner auch Flecktyphus in Betracht. Vor Ansteckung durch diese Krankheiten, insbesondere durch Scharlach, Diphtherie und Flecktyphus schützt (vgl. auch Wasserfuhr, a. a. O.) selbst die größere Wohlhabenheit nicht. Wenn Kinder armer Leute im Keller oder im vierten Stock von einer jener Krankheiten befallen werden, sind die Kinder der in den zwischenliegenden Stockwerken des Mietshauses wohnenden wohlhabenden Familien mehr oder weniger ebenfalls gefährdet.

Beispiele für durch umfangreiche Mietskasernen verursachte bedenkliche Ausbreitung ansteckender Krankheiten finden wir in folgender Mitteilung Albrechts [2]), die aus Berichten Albus vom Anfang der 70er Jahre, einer Zeit, wo in Berlin Wohnungsnot und große Wohnungsüberfüllung bestand, entnommen ist. Innerhalb des 61. Medizinalbezirks (Armenarztbezirke) lieferte von 153 Flecktyphuskranken ein Haus allein deren 150. Aus dem 18. Medizinalbezirke kamen von 675 Armenkranken auf ein Haus allein 177 = 30·8 Proz.; alle sechs in diesem Bezirke unter den Armen vorgekommenen Cholerafälle entstammten diesem Hause; ebenso 46 Proz. aller Ruhr- und 80 Proz. aller Diphtheriefälle. Ein anderer Häuserkomplex, in welchem über 1000 Menschen hausten, lieferte 53 Proz. aller in vier Monaten

---

[1]) In England hält man sehr darauf, selbst Einzelhäuser nicht Rücken an Rücken (back to back) zu stellen, um sich die Möglichkeit der Lüftung mittels Gegenzuges zu erhalten.

[2]) H. Albrecht, „Die Wohnungsnot in den Großstädten und die Mittel zu ihrer Abhilfe“ (1891), erwähnt bei Weyl-Oldendorff.

im 13. Medizinalbezirke behandelten Kranken. Die Zahlen zeigen, wie groß allem Anschein nach der Einfluß nur der Wohnung auf die Gesundheit war, und wie sonstige Verhältnisse, als unregelmäßige Lebensweise, mangelhafte Nahrung usw. in jenen Fällen dagegen zurücktraten.

Die Vorzüge der sogenannten Pavillonbauweise vor der geschlossenen Bauweise und vor dem Stockwerksbau ist für den Bau von Krankenhäusern allgemein anerkannt. Aber ebenso, wie dies Pavillonsystem für die Heilung der Kranken unentbehrlich oder doch sehr förderlich ist, ebenso dürften in nicht viel geringerem Maße, was aber noch nicht derart anerkannt wird, die flache, lockere Bauweise, die dem Pavillonsystem doch nahe verwandt ist, und die Vermeidung des Mietskasernenwesens im Städtebau für die möglichste Gesunderhaltung der noch nicht Erkrankten unentbehrlich sein.

3. Abschnitt. Geistige Gesundheit und sittliche Zustände.

Die meisten Schriftsteller beschäftigen sich bei Besprechung des Gegensatzes von Einzelhaus und Zinshaus mit Vorliebe damit, wie dieser Gegensatz sich in bezug auf die geistige Gesundheit der Bewohner, auf volkswirtschaftliche und sittliche Verhältnisse geltend macht — weniger, wie er auf die leibliche Gesundheit einwirkt.

R. Baumeister sagt in seinen „Stadterweiterungen“ S. 19, wo er allerdings außerdem die Folgen der Wohnungsnot bespricht: „Mit der leiblichen steht die geistige Gesundheit in naher Beziehung, denn der Degeneration des Leibes folgt die Entartung der Sitten auf dem Fuße und umgekehrt, beide Übel steigern sich gegenseitig.“ Bei Besprechung des Gegensatzes von Eigentum und Miete, S. 26 ff., erwähnt er, daß Einfamilienhäuser im Gegensatz zu Stockwerkhäusern sämtlich Eigentum ihrer Bewohner werden könnten, und es sehr oft auch tatsächlich würden, weil sie kleinere Verkaufsstücke darstellten.

Derselbe Gewährsmann sagt dort weiter: „Es ist überflüssig, den Reiz der Seßhaftigkeit zu schildern, welcher schon den elendesten Wohnungen armer Bauern anhaftet, und noch weit mehr in anständigen, gesunden Familienhäusern empfunden wird. Die Neigung zum Grundbesitz ist eine der stärksten im Menschen. Jeder wird in seinem bescheidenen Eigentum mehr Freude und Vorteil finden, als in der schönsten gemieteten Wohnung. Erfahrungsmäßig folgen aus dem Bewußtsein des Besitzes eine Reihe von Tugenden, welche im Kontrast zur Unsicherheit desselben besonders bei den unteren Klassen auffallen. Mit der Möglichkeit des Erwerbes, mit dem Fortschritte des Erwerbes zu freiem Eigentum steigert sich dieser günstige Einfluß, welcher sowohl hauswirtschaftlich als sozialpolitisch von höchster Wichtigkeit ist.“

„Der Arbeiter wird Kapitalist.“ „Das eigene Interesse führt zur Sparsamkeit und Arbeitsamkeit, zunächst um die Wohnung schuldenfrei zu machen und den Reiz der Unabhängigkeit zu steigern, sowie zur Erhaltung und Verteidigung der öffentlichen Ordnung.“ . . . „Ähnliche günstige Umwandlungen wären aber heutzutage auch bei den mittleren und höheren Ständen vielfach zu wünschen, und sind gewiß in Familienhäusern zu erwarten.“ . . . . „Die Mietswohnung wird zum steinernen Zelt, in welchem die Nomadenfamilie auf unbestimmte Zeit ihr Lager aufschlägt.“

Diese Worte Baumeisters, welche geeignet waren, seinerzeit bahnbrechend zu wirken, rühren aus dem Jahre 1876 her. Sie dürften nach der seitherigen Entwickelung unserer sozialen Zustände ihren Wert auch für die Jetztzeit durchaus noch nicht verloren haben.

In den 60er Jahren des vorigen Jahrhunderts beginnt in der Literatur und auf den volkswirtschaftlichen Kongressen in Deutschland eine Bewegung, die Verständnis für die Vorzüge des Einfamilienhauses zu verbreiten sucht, und dabei meist englische Wohnweise als Vorbild rühmt.

Der treffliche, leider zu früh verstorbene Kunst- und Architekturforscher R. Dohme führt das englische Haus in seinem angeführten, 1888 erschienenen Buche durch Wort und Bild in zahlreichen schönen Beispielen vor. Er führt S. 2 ff. aus, wie die Stadt auf dem Kontinent vom Städter für sich als selbstverständlicher bzw. als einziger Aufenthalt betrachtet wird. In England dagegen ist die Stadt für alle, die es ermöglichen können, nur Arbeitsstätte. Auf dem Lande, im eigenen Heim findet der Engländer der besseren Stände die Behaglichkeit („privacy") des Lebens. Er schätzt diese so hoch, daß er die täglichen, bisweilen mehrere Stunden vom Tage in Anspruch nehmenden Eisenbahnfahrten zur Stadt nicht scheut.

Aber nicht allein durch Wort und Schrift, sondern auch durch das praktische Beispiel war Dohme vorher schon für das Einzelwohnhaus eingetreten. Davon legt noch jetzt das durch ihn in den 70er Jahren in Berlin für sich und seine Familie nach englischem Vorbilde erbaute Haus, das durch die Enthaltsamkeit in bezug auf äußere Kunstformen seinerzeit von sich reden machte, Zeugnis ab [1]).

J. Stübben führt in seinem Städtebau, a. a. O., aus, wie das städtische Einzelhaus meist für das Bedürfnis einer bestimmten Familie gebaut zu werden pflegt, in deren Besitz es vielfach längere Zeit bleibt. Es bilden sich zwischen ihm und seinen Bewohnern — im Gegensatze zu dem in dem Mietshause gleichgültig bleibenden Verhältnisse — vertrauliche Beziehungen heraus. Das Einzelhaus kennzeichnet den seßhaften Bürgerstand. Es ist die Heimat im engsten, traulichsten Sinne des Wortes. „My house is my castle", heißt es in England. Der Bewohner des Zinshauses kann in diesem Sinne nicht von seiner Burg sprechen; sein Kind hat kein Vaterhaus.

Julius Faucher verdanken wir eine erschöpfende und vorbildliche Darstellung des Gegensatzes von Einzelhaus und Stockwerkhaus, in Beziehung auf die Gesundheit des Einzelnen und des Volkes. Er ist einer der ersten in Deutschland gewesen, der auf die große Bedeutung dieses Gegensatzes hingewiesen hat. Seine Schrift, „Die Bewegung für Wohnungsreform" [2]), die sich außerdem auch mit den Ursachen der Wohnungsnot beschäftigt, bildet bei wissenschaftlichen Erörterungen über diese Fragen sehr vielfach die Grundlage. Auch bei den bedeutsamen Verhandlungen des Deutschen Vereins für öffentliche Gesundheitspflege über die Notwendigkeit weiträumiger Bebauung bei Stadterweiterungen usw. vom Jahre 1894 [3]) hat

[1]) Es ist das Haus Händelstraße Nr. 1. Es lag bei seiner Erbauung etwa auf der damaligen Grenze der städtischen Bebauung. Eine bildliche Darstellung ist in „Berlin und seine Bauten", II, S. 150, enthalten.

[2]) A. a. O., Jahrg. 1865, Bd. 4, S. 127, und 1866, Bd. 3, S. 86.

[3]) Deutsche Vierteljahrsschrift f. öffentl. Gesundheitspflege 1895.

Oberbürgermeister Adickes, der verdiente Vorkämpfer für Aus- und Umgestaltung des Städtebaues, die genannte Schrift Fauchers besonders gewürdigt und sie nach verschiedenen Richtungen hin in seinem Referate zum Ausgangspunkte seiner Betrachtungen gemacht.

Am längsten — so führt Faucher aus — pflegt man die Erscheinungen, die man am häufigsten sieht, und die zugleich auf unser Wohl und Wehe den größten Einfluß haben, ohne zu denken, unabänderlich hinzunehmen. Erst ein Stoß muß oft unsere von der Gewohnheit eingelullten Gedanken wachrütteln. Erst ganz neuerdings ist man überhaupt erst auf die Frage gekommen:

Wie kommt es, daß in einer Stadt die Wohnungsmiete schneller steigen kann als das Einkommen, aus dem sie bezahlt wird, so daß sie unablässig härter drückt?

Wie kommt es, daß wir die Stockwerke aufeinander türmen, und Hof und Garten, Boden- und Kellerraum unserer Häuser uns verkümmern lassen, sowie daß wir einen Teil der Einwohner sogar mit ihren Betten unter die Erde verweisen?

Daß das Wohnen in hohen Stockwerkhäusern für die Großstädte keine unabänderliche Notwendigkeit ist, sehen wir an englischen Städten. In dem weiteren Gebiete von London mit seinen $3^1/_2$ Millionen Einwohnern — Faucher schreibt dies 1865 — gibt es mit unerheblichen Ausnahmen nur solche Privathäuser, welche nicht mehr als eine Wohnung enthalten [1]).

Das englische Volk ist gewöhnt, das Beziehen eines Stockwerkhauses, also das Aufgeben des Familienabschlusses auf gesondertem Grundstück, als Übergang zum wirtschaftlichen Verfall der Familie anzusehen.

Das Aufgeben der Anstrengung, für seine Familie die gesonderte Haustür zu behaupten, wird als ein Hinabgleiten von der sozialen Stufenleiter betrachtet.

Faucher stellt den allgemeinen Grundsatz auf: „Ein Aufgeben der Anstrengung, die in einem Lande gewohnheitliche Form des Familienlebens zu behaupten, ist ein sicheres Zeichen des Verfalles der Familie.“ Die Wohnung ist von allen Kulturbedürfnissen das größeste und spielt für die Form des Familienlebens die Hauptrolle. Daher findet der angeführte Fauchersche Grundsatz in der englischen Anschauung betreffs Behauptens der gesonderten Haustür eine Stütze.

Den Willen, sagt Faucher, beherrscht jener segensreiche Zwang, der aus der gesellschaftlichen Natur des Menschen stammt, das Ehrgefühl. Es hält den Willen beim Behaupten der einmal errungenen Lebensstufe und Lebensform fest.

Im Mittelalter herrschte in ganz Nord- und Mitteleuropa das Einzelhaus vor. Wegen des Fehdewesens war dort für die Städtebewohner das Wohnen nur innerhalb der Befestigungsmauern möglich. Beim Wachsen der Städte mußten von diesen hohe Ausgaben für die Erweiterung der Befestigungen aufgebracht werden. Als nun wegen der großen Belastung der Gemeinwesen mit Ausgaben für neuauftretende anderweite Bedürfnisse die Erweiterung der Befestigungen, die man auch nicht niederreißen wollte,

---

[1]) Vgl. die Tabelle 12 und unsere bereits daran geknüpften Betrachtungen.

unterlassen wurde, und die Bevölkerung in den Städten vielfach stark wuchs, blieb, wenn freie Bauplätze innerhalb der Stadtmauern nicht mehr vorhanden waren, nur das Auskunftsmittel übrig, an Stelle der bisher gebräuchlichen niedrigen Häuser solche mit mehreren Wohnschichten übereinander zu bauen, und an Stelle des Eigenhauses das Mietshaus treten zu lassen. Bei manchen Städten unterblieb die Erweiterung der Befestigungen auch aus anderen Gründen.

Die angedeutete bedeutungsvolle Änderung in der Wohnweise in den deutschen Städten vollzog sich vom Jahre 1500 bis etwa zum westfälischen Frieden. Nur in dem wohlhabenden Nordwesten Deutschlands fand das Stockwerkhaus nur wenig Eingang.

Im allgemeinen waren selbst bei den wohlhabenderen Familien Luft, Stille, Friede und privater Abschluß im Hause je länger je mehr unbekannte Bedürfnisse geworden. Mit der Sitte und dem Zwange, im eigenen Hause zu wohnen, war auch der Anreiz erheblich zurückgegangen, die Mittel für ein solches zu sammeln. So übte das Sinken des Wohnbedürfnisses und mit ihm der normalen Lebensform auch einen nachteiligen Einfluß auf das Sinken des Volkswohlstandes aus.

Die Jahrhunderte alte Gewöbnung an das Übereinanderschichten der Wohnungen war so groß geworden, daß man auch daran festhielt, als nach den Erfahrungen der napoleonischen Kriege zahlreiche Städte von den sie einschnürenden Befestigungen befreit werden konnten. Die auf der Stelle dieser für die Bebauung freigewordenen Gürtel nahmen — infolge dieser Gewöhnung und unter der zutreffenden Voraussetzung, daß sie mit denselben hohen Häusern, wie sie im Stadtinnern bestanden, bebaut werden könnten — auch die hohen Bodenpreise des Stadtinnern an. Wo die Erkenntnis von der Notwendigkeit weiträumigen städtischen Anbaues in der Stadtumgebung später wirklich erwachte, wurde dieser letztere nun durch die Bodenverteuerung ebenso unmöglich gemacht, wie eine weiträumige Bebauung im Stadtinnern ehemals durch die Stadtumwallungen unmöglich gemacht worden war. Nach Bebauung des Geländes der Befestigungen wiederholte sich dieses Spiel der Bodenverteuerung wieder bei dem nächst zu bebauenden Gürtel usw.

Die hohen Bodenpreise veranlaßten ein straffes Festhalten an der Stockwerkstürmung bei neuen Stadtanlagen, ließen die Entwickelung des Eigenhausbaues nicht aufkommen, und riefen zudem auch häufig empfindliche, vielfach mit tiefgehender Volkserregung verbundene Wohnungsnot hervor.

Als Hauptmittel, die Verteuerung des Baulandes zu beseitigen und zu verhindern, empfiehlt Faucher folgende Maßnahme: „Es sind entlegenere Gelände der Stadtumgebung, in denen der Bodenpreis erst wenig den landwirtschaftlichen Wert übersteigt, in umfassendem Maße als städtisches Bauland heranzuziehen. Die niedrigen Preise dieser Gelände in ihrer großen Flächenausdehnung treten mit den hohen Preisen des räumlich viel kleineren Gürtels, welcher der Stadt zunächst liegt, in wirksamen Wettbewerb.“

Außer den bisher erörterten üblen Wirkungen des Mietskasernenwesens treten mit demselben auch bedenkliche Erscheinungen bezüglich der Stellung des Familienoberhauptes und bezüglich der Erziehungsaufgaben der Familie auf.

Im Bereiche der gemeinsamen Einrichtungen des geteilten Hauses, als des Flures, der Treppe, des Hofes, des Waschkellers, Trockenbodens usw., muß der Hauswirt im Interesse der Gesamtheit der Mieter Herr bleiben. Die Mieter und deren Gesinde werden Anordnungen und nicht selten auch Zurechtweisungen des Hauswirtes sich gefallen lassen müssen, welche manchmal auch wohl auf die private, nicht zu den gemeinsamen Teilen des Hauses gehörende Hälfte der Wohnung übergreifen. Durch diese hauswirtliche Erziehungsberechtigung wird die hausherrliche Stellung des Mieters oft empfindlich getroffen.

Die Hausgenossenschaft von Familien verschiedenen Ranges hat sodann unerfreuliche Einwirkungen auf die Kinder. Kinder, welche ohne Aufsicht miteinander verkehren — ein solcher unbeaufsichtigter Verkehr von Kindern der verschiedenen Familien ist im Mietshause nicht zu vermeiden — lernen meist nur Unarten voneinander. Das gut erzogene Kind verliert dabei; das Kind von schlechter Familienerziehung gewinnt nicht dadurch. Im Einzelhause ist ein solcher Verkehr leicht zu beaufsichtigen oder auszuschließen.

Mehrfacher Art sind die Einwirkungen des großen Mietshauses auf die Haushaltungen mit Dienstboten. Bei dem regen Verkehr der Dienstboten untereinander sind sie, wenn sie auch ganz verschiedenen Schlages, und wenn sie auch bei Herrschaften verschiedenen Ranges bedienstet sind, nur zu sehr geneigt, ihre Lage zu vergleichen und dadurch unzufrieden zu werden. Oft wird die Erziehung der Dienstboten durch ihren Verkehr mit im Hause wohnenden, nicht selten im wirtschaftlichen und auch im sittlichen Rückgange befindlichen Familien beeinträchtigt.

Die Erfahrung lehrt, daß bei Vorwiegen der Einzelhäuser die Lieferung der täglichen Wirtschaftsbedürfnisse durch den Versendungswagen zu geschehen pflegt, während beim Vorwalten von Stockwerkhäusern solche sich seltener einbürgern. Dies hat zur Folge, daß bei Stockwerkswohnungen das Einholen der Wirtschaftsbedürfnisse den Dienstboten zufällt. Der unbeaufsichtigte Verkehr der Dienstboten mit den kleineren Geschäftsleuten kann zu Verdruß für die Hausfrau Anlaß geben.

Die Ausbildung und Erziehung der Dienstboten ist im Einzelhause viel mehr sichergestellt als in der Stockwerkswohnung. F a u c h e r nimmt an, daß durch das Überhandnehmen der großen Mietshäuser in Berlin ein Mangel g e s c h u l t e r Dienstboten daselbst eingetreten sei, und daß viele Familien deshalb keine oder weniger Dienstboten hielten. Dies wird dadurch bestätigt, daß die Zahl der Haushaltungen mit Dienstboten sehr zurückgegangen wäre.

In vorstehendem Auszuge konnten die eindringenden und umfassenden Ausführungen F a u c h e r s nur in sehr knapper Weise angedeutet werden.

Diesen Andeutungen und den angeführten Auslassungen der anderen Schriftsteller haben wir bezüglich des Besprechungsgegenstandes dieses Abschnittes nur wenig hinzuzufügen. Der Wunsch, mit seiner Familie abgeschlossen zu wohnen, ist ein dem Menschen ureigener. Es ist auch in den für diese Verhältnisse ungünstigsten Zeiten dem Volke das Gefühl nicht ganz abhanden gekommen, daß nur das Einzelhaus den für die Erfüllung der Bestimmung der Familie notwendigen Abschluß und den Schutz nach außen biete und nicht ein Haus, das man mit vielen Familien teilen muß.

Diese Empfindung ist bei uns nur vorübergehend durch allerdings lange andauernde Verhältnisse zurückgedrängt.

Nachdem der Wert des Einzelhauses von der Wissenschaft gewissermaßen von neuem entdeckt ist, handelt es sich darum, jene Empfindung durch Lehre und Beispiel wieder zu beleben und zu verbreiten. Für die Ausbreitung des Einzelhauses ist es günstig, daß der Wohlstand auch in Deutschland sehr zugenommen hat, und daß sogar Verhältnisse eingetreten sind, die es vielen Bevorzugten gestatten, große Aufwendungen für glänzende Wohnungen in Mietspalästen zu machen, die es diesen aber auch gestatten würden, mit denselben Aufwendungen sich einen eigenen behaglichen Herd auf eigener Scholle zu errichten, wenn der Sinn dafür in ihnen erweckt wäre.

Auch für die Angehörigen des Mittelstandes ist es schon in zahlreichen Fällen möglich geworden, ein eigenes Heim in den Vororten der Großstädte zu erwerben, wenn sie von den Vorzügen davon sich überzeugt hatten. Eigener Herd ist Goldes wert. Der Besitz der Wohnung im eigenen Hause erhöht stets das Gefühl der Sicherheit des Daseins, das Selbstbewußtsein und die Lebensfreude. Er verknüpft den Besitzer auch enger mit dem Wohl und Wehe des Gemeinwesens.

Daß die Verhältnisse alsbald sich so ändern werden, daß es dem städtischen Arbeiter öfter möglich werden wird, und daß auch das Bedürfnis dazu in ihm rege werden wird, ein eigenes Häuschen zu bewohnen, dafür sind in Deutschland die Aussichten noch wenig bedeutend [1]). In Großstädten steht ja dem auch der vielfach häufige Wechsel der Arbeitsgelegenheit entgegen. Daß es dem Arbeiter aber bei uns möglich ist, im eigenen Hause zu wohnen, dafür ist das vielerorts ausgebreitete Käthner- und Häuslertum des ländlichen Arbeiters ein Beispiel. Niederhaltung der Bodenverteuerung durch Förderung der Weiträumigkeit der Bebauung wird in besonders hohem Maße für den städtischen Arbeiter die Möglichkeit des Wohnens im Eigenhause mit seinen angedeuteten weittragenden erzieherischen Folgen vermehren.

Faucher führt aus, daß die Erhöhung des Wohnbedürfnisses auch eine Erhöhung des Ehrbedürfnisses bedeute. Wir möchten dem bekräftigend hinzufügen, daß dieses Ehrbedürfnis auch für den handarbeitenden Teil des Volkes eine unersetzbare Triebkraft bildet und von ausschlaggebender Bedeutung für die sittliche Kraft des Gesamtvolkes ist.

Derselbe Forscher betont nachdrücklich den Zusammenhang von Einzelhaus und Dienstbotenerziehung. Wir können dazu bemerken, daß der Fall jetzt schon nicht so selten eintreten dürfte, daß Familien lediglich mit Rücksicht auf die Dienstbotenfrage eine reich ausgestattete Wohnung im großstädtischen Mietshause mit einer viel bescheideneren, im Vorort gelegenen Einzelhauswohnung vertauschen. Die Dienstbotenfrage verdient große Beachtung. Wird diese Frage noch viel bedenklicher, als sie gegenwärtig

---

[1]) Vgl. Dr. Eberstadt, „Rheinische Wohnverhältnisse und ihre Bedeutung für das Wohnungswesen in Deutschland“. Nach einer Besprechung dieser Schrift in der Deutschen Bauzeitung 1903, Nr. 36, ist die arbeitende Bevölkerung in den Städten Elberfeld, Barmen und Düsseldorf allerdings stark am Hausbesitz beteiligt. In Elberfeld fallen 18·7, in Düsseldorf 20 Einwohner auf ein Haus. Dort wie hier haben drei Viertel sämtlicher Hausbesitzer nur ein Grundstück.

schon ist, so hört die Arbeitsteilung auf dem Gebiete der Hauswirtschaft, eine wesentliche Vorbedingung menschlichen Fortschritts überhaupt, allmählich auf. Mangelhafte Dienstbotenerziehung trägt auch ihre bedenklichen, später eintretenden Folgen in die Abertausende von denjenigen Familien der Arbeiter und kleineren Handwerker hinein, deren Hausmütter aus dem Stande der Dienstboten hervorgehen.

Welchen Vorteil es hat, wenn ein Volk an seiner angestammten Wohnweise festhält, sehen wir an dem Beispiel Englands. Die dort hochgehaltene Sitte, im Einzelhause zu wohnen, läßt in den englischen Städten und Großstädten die Tätigkeit der Baupolizei zum großen Teil entbehrlich erscheinen, deren Hauptaufgabe es bei uns ist, die zu dichte Bebauung und das zu hohe Bauen zu hindern. Jene in England ohne Zutun von oben her festgehaltene Sitte möchte als eine erfreuliche Äußerung des in jenem Lande gepflegten Self government anzusehen sein.

Die Sitte des Wohnens hinter eigener Haustür dürfte übrigens vielleicht nicht unwesentlich auch die Fähigkeit eines Volkes zu kolonisatorischer Tätigkeit erhöhen, indem das Volk dadurch in der Lage bleibt, diese immerhin von einer gewissen Überlegenheit über andere Kulturvölker zeugende Sitte auch in die zu kolonisierenden Länder zu verpflanzen. Ein Beispiel hierfür dürfte, wie angedeutet, das Verhältnis von England zu den Vereinigten Staaten bieten, welche von England diese Sitte seinerzeit übernommen haben.

4. Abschnitt. Bedingte Notwendigkeit des Stockwerkhauses und Verbesserung desselben.

So sehr wir wünschen müssen, daß das Verständnis für die Vorzüge des Einzelwohnhauses in immer weitere Kreise dringe, und daß das Eigenhaus in Deutschland immer mehr zum Bedürfnis werde, muß doch zugegeben werden, daß seiner Verbreitung natürliche Grenzen gezogen sind.

Im allgemeinen werden die Herstellungskosten einer Wohnung im Einzelhause größere sein, als einer solchen im Stockwerkhause. Fundamente der Mauern, Flure, Treppenräume, Dach sind im Stockwerkhause für eine Anzahl Wohnungen gemeinsam, und sind die für die einzelne Wohnung in demselben dafür aufzuwendenden Kosten deshalb meist geringere als beim Einzelhause. Bei den Kosten des Bauplatzes macht sich dieser Umstand in gleicher Weise geltend, wenn der Bauplatz des Einzelhauses nicht ganz besonders wohlfeil ist.

Das Einfamilienhaus, bei dessen Errichtung wohlfeiles Bauland Voraussetzung ist, kann in der Großstadt gewöhnlich nur entfernt von der Geschäftsgegend errichtet werden, da in der Nähe der letzteren das Bauland dafür zu kostbar ist. Bei zahlreichen Geschäftsleuten ist aber eine zu starke räumliche Trennung von Berufstätigkeit und Wohnung ausgeschlossen.

Beamte, Militärs und Angestellte aller Art, die meist einem öfteren Wohnortwechsel durch Versetzung ausgesetzt sind, können nur selten an den Erwerb eines Einzelhauses denken. Selbst die Anmietung eines solchen beeinträchtigt in der Regel schon zu sehr die für diese Klassen erforderliche Beweglichkeit, zumal auch die Anmietung schon größere Anschaffungen für Haus und Garten voraussetzt als die Anmietung einer Etagenwohnung im

Stockwerkhause. Die Errichtung von Einzelhäusern zum Vermieten ist für Unternehmer zudem im allgemeinen nicht besonders vorteilhaft.

Die Verwaltung des gemieteten Einzelhauses, die dem Mieter zuzufallen pflegt, legt diesem auch eine erheblich größere äußere Mühewaltung auf, als er sie als Mieter im geteilten Mietshause hat, wo der Hauswirt gemeinhin diese Verwaltung besorgt. Die Vorteile der solchergestalt im geteilten Hause stattfindenden Arbeitsteilung können oft nicht von stärker mit Berufsgeschäften belasteten Mietern entbehrt werden.

Die Lage aller Zimmer der Wohnung in einem Stockwerk, auch das horizontale Wohnsystem im Gegensatze zu dem vertikalen Wohnsystem, wie es das Einzelhaus darstellt, so genannt, erscheint vielen als eine unentbehrliche Bequemlichkeit und Annehmlichkeit und als ein ganz besonderer Vorzug einer Wohnung. Mit Rücksicht auf die jahrhundertlange Gewöhnung des Volkes hat diese Anschauung ihre bedingte Berechtigung, und muß mit ihr gerechnet werden. Stübben führt in seinem „Städtebau“ [1]) an, daß im östlichen Deutschland die städtische Bevölkerung zu 90 bis 96 Proz. zur Miete wohnt. Aus dem Umstande, daß Mietswohnungen überwiegend im geteilten Hause liegen, kann aus obigen Zahlen mittelbar geschlossen werden, wie sehr das Einzelhaus dort in den Städten zurücktritt, und wie stark die Gewöhnung an die Etagenwohnung noch sein muß.

Wenn wir auch anzustreben haben, daß das Einzelhaus in Deutschland bald das bevorzugte Haus des seßhaften Bürgertums werde, gemahnen uns die letztgenannten Zahlen doch daran, über den Bestrebungen für die Ausbreitung des Einzelhauses nicht die Bestrebungen für die Verbesserung des für uns einstweilen noch erheblich wichtigeren Stockwerkhauses zu vernachlässigen. Mit Rücksicht auf die angeführten Zahlen wird als das weitest mögliche Ziel auch für Neuanlagen von Stadtteilen für geraume Zeit noch im allgemeinen meist nur das gemischte Wohnsystem, eine Durchdringung der Systeme des Vielfamilienhauses und des Einzelhauses angestrebt werden können.

Unsere Betrachtungen über das Einzelhaus und den städtischen Anbau in ländlicher Art haben sich zur Aufgabe gestellt, auch für die Bestrebungen auf Verbesserung des Mehrfamilienhauses nutzbar zu sein. Die vorangedeuteten Nachteile, die bei den Stockwerkhäusern sich vielfach zeigen, lassen sich erheblich einschränken. Es wird das im allgemeinen in dem Grade eintreten, als sich die Vielfamilienhäuser dem Einzelhause nähern, und als bei deren Errichtung die Rücksicht auf verhältnismäßig weiträumigen Anbau des Geländes festgehalten wird.

Kapitel 3. Die weiträumige Bebauung des Geländes beim Städtebau.

1. Abschnitt. Notwendigkeit der Weiträumigkeit.

Bezüglich der Nutzanwendung der in den vorstehenden Kapiteln enthaltenen Erörterungen auf unseren eigentlichen, in der Überschrift dieses Kapitels näher berührten Besprechungsgegenstand, haben wir anführen können, daß ein größerer Teil der Vorzüge, die sich uns als Folgen des Wohnens auf dem Lande ergeben haben, auch dem Wohnen in Vororten

[1]) Handbuch der Architektur, T. 4, Halbband 9.

und Vorstädten mit mehr oder weniger lockerer Bauweise zuzusprechen ist. In allerdings vermindertem Grade werden diese Vorzüge auch bezüglich der weiträumiger gestalteten Teile des Stadtinnern gegenüber den gedrängt gebauten Teilen sich geltend machen.

Man wird sagen können, daß im allgemeinen die städtischen Wohnplätze die erwähnten Vorzüge des Landes in demselben Grade besitzen, in welchem Grade der Weiträumigkeit sie angelangt sind.

Ähnlich verhält es sich, wie schon erwähnt, mit der Wohnweise im Einzelhause und ihrer besprochenen Überlegenheit über die Wohnweise im Vielfamilienhause, um so mehr, als die Vorbedingungen für die Verbreitung des Einzelhauses die Anlage weiträumiger Vororte und die weiträumige Bebauung des Stadtgeländes sind.

Die Überlegenheit der Anlage der Wohnplätze auf dem Lande in betreff der Weiträumigkeit gegenüber der gedrängten Anlage derselben in den Städten und Großstädten hat sich uns als eine Hauptursache der an der Hand der Statistik und sonst erkannten Überlegenheit der Gesundheitsverhältnisse des Landes über die der Städte und Großstädte ergeben. Es wird daher die Durchführung der Weiträumigkeit bei neuen und bestehenden städtischen Wohnstätten um so mehr als Notwendigkeit anzusehen sein, als die Mehrzahl der Hauptvölker Europas, zumal das deutsche Volk, in einem unaufhaltsamen schnellen Übergange von ländlichem zu städtischem Leben und von ländlichen zu städtischen Berufen begriffen sind, und als beispielsweise in Deutschland der Anteil der Städtebewohner an der Gesamtbevölkerungszahl, wie erwähnt, den Anteil der Landbewohner schon jetzt übertrifft und sehr bald noch viel ausschlaggebender übertreffen wird.

Die gesundheitliche Überlegenheit des Landes der Stadt gegenüber, aus der wir vorstehend die Notwendigkeit des weiträumigen städtischen Anbaues herleiteten, könnte vielleicht nicht schwerwiegend und zweifelsfrei genug erscheinen, um diese Notwendigkeit weiträumiger Bauweise in den Städten daraus folgern zu können, zumal die Gesundheitsverhältnisse sowohl auf dem Lande als in den Städten in den letzten Jahrzehnten sehr erheblich sich gebessert haben (vgl. Tabelle 5).

Demgegenüber können wir auf unsere bereits gemachten Andeutungen uns beziehen, daß die gesundheitliche Überlegenheit des Landes vorhanden war und weiter besteht, und daß die Gesundheitsverhältnisse in den Städten sich langsamer gebessert haben als auf dem Lande, trotzdem für die Durchführung der sogenannten Gesundheitswerke in den Städten in den letzten Jahrzehnten außerordentlich große Aufwendungen gemacht worden sind, während auf dem Lande dafür viel weniger geschehen konnte.

Was die Bedenklichkeit des geringeren Fortschrittes der Volksgesundheit in den Städten im Vergleich zum Lande noch vergrößert, ist der Umstand, daß in zahlreicheren größeren Städten die hauptsächlichsten bisher bekannten Gesundheitswerke — wir nennen nur Wasserleitung und Kanalisation — zum größten Teil durchgeführt worden sind, und daß von der weiteren Durchführung dieser Gesundheitswerke keine so große fernere Minderung der Sterblichkeit in jenen Städten, als bisher erzielt, möglicherweise mehr zu erwarten ist.

Die angeführte Tatsache, daß die gewöhnlichen Sterbeziffern für die Städte deshalb ein zu günstiges Bild der wirklichen Sterblichkeit geben, da den Städten und namentlich den Großstädten die lebenskräftigsten Altersklassen stetig zuströmen, können wir vielleicht am deutlichsten an dem Beispiele Berlins erläutern. Nach Böckh[1]) ist für Berlin für das Jahr 1895 die korrekte Sterbeziffer (26·66 pro Mille einschließlich Totgeborener) um 5·42 pro Mille höher als die gewöhnliche.

Diese korrekte Sterbeziffer Berlins, die also im wesentlichen sich durch Aussonderung des Einflusses der Altersgliederung kennzeichnet, dürfte sich übrigens ohne größeren Fehler mit der gewöhnlichen Sterbeziffer des ganzen Landes, wo der Einfluß der Wanderungen nahezu entfällt, in Vergleich ziehen lassen. Die Sterbeziffer Preußens für 1895 einschließlich Totgeborener beträgt 23·15. Die Sterblichkeit Berlins von 26·66 pro Mille übertrifft die Sterblichkeit Preußens demnach, wenigstens annähernd, um 3·50 pro Mille.

Die Gesundheitsverhältnisse der Städte im Vergleich zu denen des Landes erscheinen in der Beurteilung nach der Statistik der Wehrfähigkeit und nach der eigentlichen Gesundheitsstatistik wohl gleich ungünstig, als in der Beurteilung nach den Gesamtsterbeziffern.

Die Weiträumigkeit des Anbaues auf dem Lande sowie in Vororten und Vorstädten — als Gesundheitswerk an sich betrachtet — wird nach unseren Ausführungen in nicht seltenen Fällen eine Anzahl der anderen Gesundheitswerke zusammengenommen allein aufzuwiegen bzw. zu ersetzen vermögen, was auch für die Notwendigkeit der Weiträumigkeit spricht.

Schließlich kann auch die allgemeine Bedeutung der Städte für das Volksdasein als Beweggrund angesehen werden, welcher es notwendig erscheinen läßt, die Gesundheit in den Städten mit allen Mitteln, und nicht zuletzt mit dem Mittel weiträumigen Anbaues, zu fördern. Wir haben schon erwähnt, daß den Großstädten die Verfolgung erweiterter Kulturziele obliegt, und daß ihnen viel reichere Mittel zu deren Erreichung zur Verfügung stehen. Die Verhältnisse der Großstädte sind in geistigen, geschäftlichen und gewerblichen Dingen meist für das ganze Land vorbildlich und ausschlaggebend, und wirkt ihr Gedeihen in hohem Maße auf das allgemeine Gedeihen zurück. Die Großstädte sind in der Regel auch der Sitz der Landesregierungen, welche die Geschicke des Landes selbstredend sehr beeinflussen; es ist ihnen auch aus diesem Grunde eine erhöhte Bedeutung beizumessen.

Auch abgesehen von den Großstädten ist der Einfluß der Städte im allgemeinen ein für das Volk vielfach bestimmender. Sie sind in besonderem Maße die Heimstätten des Gewerbefleißes sowie des Handels, und der Hort des Landeswohlstandes. Die Blüte der Städte ist die Vorbedingung für die Entfaltung der edlen, schöne Sittlichkeit fördernden Kunst und für die Entwickelung der Wissenschaft, nach Goethe „des Menschen allerhöchster Kraft“.

---

[1]) R. Böckh, Statistisches Jahrbuch der Stadt Berlin. Jahrg. 1900, S. 77.

2. Abschnitt. Mittel zur Durchführung der Weiträumigkeit und Stand der Durchführung in Berlin.

a) Allgemeines über die Mittel.

Die im Städtebau angewandten Maßnahmen beziehen sich erstens auf die angemessene Bebauung der außerhalb des bebauten Stadtinnern liegenden Gelände (Stadterweiterungen) und zweitens auf die Bauten in dem vorhandenen Stadtinnern, sowie auf die Verbesserung des letzteren.

Die einzelnen Mittel zur Durchführung weiträumigen Anbaues sind im wesentlichen folgende:

Baupolizeiliche Vorschriften, welche das Maß der Bebauung der Fläche des Baugrundstücks sowie die Höhe der Gebäude einschränken;

Förderung des Anbaues außerhalb des Stadtinnern, in Vorstädten und namentlich in entfernter gelegenen Vororten;

Herstellung von Verkehrsmitteln zur Entlastung des übervölkerten Stadtinnern und zur leichteren Erreichung weiträumig gebauter Wohnplätze;

angemessene Gestaltung des Bebauungsplanes der Stadtumgebung, namentlich mit Rücksicht auf Belassung freier Plätze und Schaffung von Garten- und Parkanlagen, sowie mit Rücksicht auf vorteilhafte Bemessung der Tiefe der Baublocks und der Straßenbreiten (Schaffung von Verkehrs- und Wohnstraßen, Verhinderung großer Baukomplexe);

Ausschließung der Herstellung von Anlagen, die Rauch und schädliche Gase entwickeln oder ungewöhnliches Geräusch verursachen (Fabriken usw.) für bestimmte Gegenden, namentlich für die landhausmäßig zu bebauenden Bezirke, um den Landhausbau hier nicht zu hindern;

Umgestaltung des Stadtplanes des Stadtkerns, wo erforderlich, Durchlegung von Straßen, Beseitigung zu enger Viertel, nachträgliche Anlage öffentlicher Gärten und Parks im Stadtinnern;

schließlich Verhinderung unverhältnismäßiger Preissteigerung des Baugeländes in der näheren und weiteren Umgebung der Stadt durch andere als in obigen Maßnahmen schon enthaltene — namentlich durch steuertechnische — Maßnahmen.

Wir wollen versuchen, ein Bild von dem Stande der Durchführung einiger dieser hauptsächlichsten Mittel und Maßnahmen für Berlin und seine Umgebung zu gewinnen, welches ja auch für andere deutsche größere und Großstädte von Wert sich erweisen dürfte.

b) Bevölkerungsdichtigkeit Berlins.

Nach Tabelle 11 (s. S. 31) weisen von allen dort aufgeführten europäischen Hauptstädten Berlin und Wien die größte auf je ein Haus entfallende Bewohnerzahl auf, nämlich 63 (die Tabelle ist wohl etwa im Jahre 1890 zusammengestellt).

In Berlin stieg in der östlichen Luisenstadt, einem Arbeiterviertel, von 1880 bis 1890 die je auf ein Grundstück kommende Personenzahl von 95 auf 127. Wie sehr die Höhe der Häuser Berlins die Höhe der Häuser anderer deutscher Großstädte hinter sich läßt, ist leicht aus den Zahlen der Tabelle 13 abzuleiten.

Tabelle 13.

Stadt	Zahl der auf 1 ha Hausfläche entfallenden Bewohnerzahl	Stadt	Zahl der auf 1 ha Hausfläche entfallenden Bewohnerzahl
Berlin	745	Köln	305
Hamburg	292	Dresden	318
München	248	Magdeburg	293
Breslau	443	Frankfurt a. M. . . .	173

Die auf je einen Einwohner entfallende Bodenfläche, die nach Tabelle 14 im Jahre 1880 für ganz Berlin 56·01 qm betrug, ging bis 1890 [1]) um 16 qm und dann bis 1895 noch um rund 2·5 qm zurück. Die Fläche betrug nach unserer Berechnung 1901 bei rund 1 880 000 Einwohnern Berlins nur noch 33·37 qm. Wenn auf weite Stadtgebiete, wie in der Luisenstadt jenseits des Kanals und im Spandauer Viertel, diese Zahl in der Tabelle 14 auf 16 und 18 qm sinkt, so kann man in der Tat von einer Zusammenpferchung der Bevölkerung daselbst sprechen. Wenn in derselben Tabelle das Königsviertel mit 83 qm und der Wedding mit 77 qm günstig erscheinen, so ist dabei zu berücksichtigen, daß größere Flächen dieser Stadtteile überhaupt noch nicht bebaut sind.

Auf 1 ha Stadtfläche kamen:

in der Luisenstadt jenseits des Kanals in 1890 . . . . 604 Bewohner [2])
in einzelnen Arbeitervierteln Berlins in 1890 . . bis 822 „
in London (nicht dem Outer London) durchschnittl. in 1891 138 „

Wien verdankt seine günstige Bevölkerungsdichtigkeit (auf die ganze Stadtfläche bezogen, Tabelle 14) meist dem Umstande, daß die Stadt so große Parks und öffentliche Gärten, wie den Prater (1712 ha) [3]), den Augarten, den Stadtpark (145 ha) und zahlreiche große fürstliche Parks besitzt, und

[1]) In London kamen 1891 bei 4 211 056 Einwohnern und bei 304 qkm Flächeninhalt 72 qm Stadtfläche auf je einen Bewohner. Die Fläche für Berlin von 39·83 qm (1890) auf einen Bewohner erscheint der Fläche für London von 72 qm (1891) gegenüber recht ungünstig. Für 1901 stellt sich die Fläche für London bei 4 537 000 Einwohnern und 302 qkm Stadtfläche auf 66·6 qm auf den Einwohner.

In London finden sich an den Rändern der bebauten Stadtfläche innerhalb des Stadtgebietes weniger unbebaute Flächen als in Berlin, wo der Rand der Stadtbebauung an mehreren Stellen noch ziemlich weit von der Weichbildgrenze entfernt ist. Die Zunahme der Bevölkerung von Berlin (ohne Vororte) beträgt für das Jahrzehnt 1890 bis 1900 19·3 Proz. (also 1·9 Proz. für das Jahr), von London für das Jahrzehnt 1891 bis 1901 7·3 Proz. (für das Jahr 0·7 Proz.). Mithin wird sich für die nächste Zeit die auf jeden Einwohner entfallende Stadtfläche für Berlin von 33.37 qm erheblich mehr vermindern als die für London von 66·6 qm (beide Zahlen für 1901).

Die Flächenzahl für Paris der Tabelle von 31·87 qm auf einen Einwohner (1890) würde sich erheblich höher stellen, wenn das tatsächlich zur Stadt gehörige, aber nicht dazu gerechnete Bois de Boulogne mit 873 ha freier Fläche in das Stadtgebiet eingerechnet wäre, wie dies mit der Fläche des Tiergartens für Berlin geschehen ist.

[2]) „Berlin und seine Eisenbahnen“, a. a O., Tabelle S. 110 und Tafel 5.

[3]) Nach einem Stadtplan von Umlauft hat der Prater auch schon vor 1891 zum Stadtgebiet gehört.

Tabelle 14.
Bevölkerungsdichtigkeit Berlins nach Stadtteilen[1]).

Lfde. Nr.	Standesamtsbezirke	Auf einen Einwohner kommen Quadratmeter Gesamtfläche des Stadtteiles bzw. der Stadt			
		1880	1885	1890	1895
1	I. Berlin, Kölln, Dorotheenstadt, Friedrichswerder	32·26	33 71	36·12	42·28
2	II. Friedrichstadt	30·58	30·96	31·36	34·44
3	III. Untere Friedrich- und Schöneberger Vorstadt (früher) . .	46·58	35·23	30·54	31·30
4	IV. Obere Friedrich- und Tempelhofer Vorstadt	58·37	44·42	32·95	30·80
5	V. a und b Luisenstadt jenseits des Kanals	23·76	20·55	16·55	16·27
6	VI. a und b Luisenstadt diesseits des Kanals und Neukölln .	20·09	21·15	21·17	22·97
7	VII. a und b Stralauer Viertel . .	44·91	38·05	33·05	31·52
8	VIII. Königsviertel	124·87	103·12	86·13	82·77
9	IX. Spandauer Viertel	20·02	18·45	17·09	18·10
10	X. a und b Rosenthaler Vorstadt	58·28	47·36	37·60	30·96
11	XI. Oranienburger Vorstadt . . .	37·09	32·07	27·08	25·69
12	XII. Friedrich Wilhelmstadt, Moabit, Tiergarten (früher) . .	149·86	104·89	61·89	53·32
13	XIII. Wedding	161·96	126·02	91·86	76·71
	Zusammen Berlin (ohne die Wasserbevölkerung)	56·01	47·78	39·83	37·48
	Wien (1880, 1890, 1895) . . .	160·32	?	135·04	117·87
	Paris (1881, 1886, 1891) . . .	34·38	33·28	31·87	?

daß bei Niederlegung der Festungswerke ein breiter Gürtel von der Bebauung freigehalten worden ist.

c) Baupolizei-Ordnung von 1887.

Für die Durchführung größerer Weiträumigkeit im Stadtinnern durch baupolizeiliche Einwirkung bedeutet der Erlaß der Baupolizeiordnung für den Stadtkreis Berlin vom 15. Januar 1887 den Anfang durchgreifender Maßnahmen. Durch diese Bauordnung wurde das Maß der Bebauungsfläche der Grundstücke und die Höhe der auszuführenden Bauten erheblich gegen früher eingeschränkt. Die bebaubare Fläche der Grundstücke, für die bisher, abgesehen von der vorgeschriebenen Hofgröße, keine Einschränkung bestanden hatte, wurde im wesentlichen bei vorher nicht bebaut gewesenen Grundstücken durch die neue Bauordnung auf zwei Drittel der Grundstückfläche festgestellt. Das Mindestmaß für die Fläche des bei Bebauung der

[1]) Die Tabellen 13 und 14 sind dem Werke „Berlin und seine Eisenbahnen", Bd. 1, S. 111 u. 112, entnommen. Die im Jahre 1880 erfolgte Eingemeindung des Tiergartens (rund 250 ha) ist darin nur bei dem Gesamtergebnis für Berlin berücksichtigt. Für Wien ist die Fläche des Stadtgebietes vor 1891 (5540 ha) zugrunde gelegt.

Grundstücke freizulassenden Hofes wurde erheblich erhöht, nämlich von 5·34 m × 5·34 m = 28·5 qm der früheren Festsetzung auf 60 qm.

Die nach Erlaß der neuen Baupolizei-Ordnung entstandenen neuen Stadtteile weisen, wie es namentlich der Anblick der größeren Höfe in denselben erkennen läßt, auch nach dem Augenschein eine merkbar größere Weiträumigkeit auf als die älteren Stadtteile. Zu Ungunsten dieser letzteren haben diese neuen Stadtteile vielfach eine starke Anziehungskraft auf die Wohnungsuchenden ausgeübt. So dankbar die Wirkungen der Baupolizei-Ordnung von 1887 anzuerkennen sind, kann doch nicht verkannt werden, daß die Gefahren des Zusammendrängens der Bevölkerung durch sie nicht beseitigt sind, worauf wir später noch zurückkommen, auch nicht beseitigt werden konnten, wollte man nicht durch die Bauvorschriften in gewaltsamer Weise in die bestehenden privaten Besitzverhältnisse eingreifen.

An die Stelle der Baupolizei-Ordnung von 1887 trat später die vom 15. August 1897, welche indessen keine sehr einschneidenden Änderungen herbeiführte.

d) Wachstum der Vororte Berlins.

Wohl zeitlich die erste umfassende Gegenwirkung, welche die Zusammendrängung der Bevölkerung der einzelnen Stadtviertel Berlins hervorrief, war die Entstehung seiner Vororte. Die eigentlichen Vorort-Gründungen beginnen mit der zunächst nicht geglückten von Westend. Faucher führt an, daß die bald nach 1865 erfolgte Gründung dieses Vorortes anscheinend auf Anregung des im Jahre 1865 erschienenen ersten Teiles seiner mehrerwähnten Schrift erfolgt wäre.

Die zeitlich etwa an zweiter Stelle stehenden, zur Bekämpfung der Bevölkerungsüberlastung des Berliner Stadtbezirks dienenden bzw. zu diesem Zwecke ergriffenen Mittel waren: die von den Stadtbehörden begünstigte Ausbreitung der Straßenbahnen und der von der staatlichen Verwaltung gepflegte Bau der Eisenbahnen für den Nahverkehr.

Tabelle 15.

Es betrug die Bevölkerung von Berlin bzw. diejenige der im vormaligen weiteren Polizeibezirke gelegenen Vororte[1]):

Datum	Bevölkerung von Berlin	Zunahme Prozent	Bevölkerung der Vororte	Zunahme Prozent
3. Dezember 1858	458 637	—	30 450	—
1. „ 1871	826 341	80	57 676	90
1. „ 1875	966 858	17·1	103 949	80·2
1. „ 1880	1 122 330	16·2	123 333	18·6
1. „ 1885	1 315 287	17·5	163 546	32·5
1. „ 1890	1 578 794	20·0	268 507	64·3
2. „ 1895	1 677 135	6·2	434 588	61·7

[1]) Die Tabelle ist entnommen aus dem genannten Werk: „Berlin und seine Eisenbahnen". Zum vormaligen weiteren Polizeibezirk gehörten: Charlottenburg, Wilmersdorf, Schmargendorf, Schöneberg, Friedenau, Steglitz, Tempelhof, Rixdorf, Britz, Treptow, Niederschönweide, Ostende, Stralau, Rummelsburg, Friedrichsfelde, Biesdorf, Lichtenberg, Hohen- und Niederschönhausen, Weißensee, Heinersdorf, Pankow, Reinickendorf und Tegel.

Wie lebhaft die Entwickelung der Vororte, welche ja auch aufs engste mit der Entwickelung der eben erwähnten Verkehrsmittel zusammenhängt, war, dürfte aus Tabelle 15 ersichtlich sein. Bei den Zahlen dieser Tabelle, welche das schnelle Wachstum der Vororte darstellen, ist allerdings zu berücksichtigen, daß die volkreichsten Teile der größesten dieser Vororte wegen ihres trennungslosen Zusammenhangs mit Berlin, und da sie bezüglich der Höhe der Häuser u. dgl. dasselbe Gepräge wie Berlin haben, jetzt mit diesem ein einheitliches Ganzes bilden, wenn sie auch dem Namen nach nicht dem Stadtbezirk Berlin angehören. In diesem Sinne ist ein großer Teil des durch jene Zahlen dargestellten bedeutenden Wachstums der Vororte auch als Wachstum Berlins anzusehen.

Unter den angegebenen Umständen erfreuen

Abb. 2.

Teile der Berliner Vororte Steglitz und Südende, von Süden gesehen.
Erbaut im wesentlichen nach der Baupolizei-Ordnung von 1892.

sich diese Vororte durchaus nicht in überwiegendem Maße einer wirklich weiträumigen oder gar landhausmäßigen Erscheinung ihrer Straßen und Häuser — wir erwähnen nur die in die Hauptstadt aufgehenden Teile von Charlottenburg und Schöneberg. Für die Arbeiterstadt Rixdorf konnte unter den obwaltenden Verhältnissen eine lockere Bauweise überhaupt nicht in Frage kommen. Wesentlichen Eintrag hat es der Festhaltung weiträumiger Bebauung für größere Gebiete der Vororte getan, daß die offene Bauweise erst etwas verspätet den Schutz der behördlichen Vorschriften erfuhr. Durch die im Jahre 1887 für einen größeren Teil der Vororte getroffenen Maßnahmen und durch die Bestimmung, daß daselbst entweder an der Nachbargrenze oder mit einem Wich von 6 m (statt früher 2·5 m) gebaut werden müsse, wurde, entgegen der Absicht des Gesetzgebers, bis zum Erlaß der Vororte-Bauordnung von 1892 die offene Bauweise mehr gehemmt als befördert.

Für 1895 entfallen von den 434 588 Vorortbewohnern der Tabelle zusammen rund 255 000 auf Charlottenburg, Schöneberg und Rixdorf, deren Bauart in ihren größten Teilen nur noch wenig von der gedrängten Bauart Berlins abweicht [1]).

Eine weitere Anzahl von Vororten weisen ein unerfreuliches Gemenge von Mietshäusern mit hohen Brandgiebeln und von Landhäusern auf (vgl. Abb. 2 a. v. S.).

In einem Teile der Vororte wurde allerdings von vornherein in ganz überwiegendem Maße an der landhausmäßigen Bebauung festgehalten, und zwar vornehmlich dank der von den betreffenden Gründungs-Baugesellschaften den einzelnen Grundstückskäufern auferlegten und im Grundbuche eingetragenen bezüglichen Baubeschränkungen.

e) Verkehrsmittel.

Ermöglicht worden ist die bedeutende Entwickelung der Vororte nur durch die Entwickelung eines umfassenden Netzes von Straßenbahnen und besonders von Eisenbahnen für den Nahverkehr. Im Jahre 1872 wurden die Ringbahn, am 7. Februar 1882 die den Osten mit dem Westen Berlins verbindende Stadtbahn dem Verkehr übergeben. An letzterem Zeitpunkt wurde auf dieser und auf der Ringbahn ein Nahverkehr mit häufiger Zugfolge eröffnet.

Nicht für die Vororte allein ist das Jahr der Eröffnung des Verkehrs auf der Stadtbahn, deren Bau als Privatunternehmen begonnen, dann aber vom Staate übernommen und durchgeführt wurde, von grundlegender Bedeutung gewesen. Auch für die Umgestaltung der Hauptstadt in ihrer äußeren Erscheinung bedeutet dies Jahr nach vielen Richtungen hin einen

---

[1]) Nach einer Zeitungsnachricht ist es in einem neueren Hefte der Charlottenburger Statistik ausgeführt, wie das Ergebnis einer kürzlichen Grundstücksaufnahme in den westlichen Vororten den Übergang vom Landhaus zur Mietskaserne erkennen lasse. Im Jahre 1885 kamen danach in Charlottenburg nur 29 Einwohner auf ein Grundstück. 1890 bereits 41, 1900 sogar 90. Günstigere Verhältnisse zeigen die anderen westlichen Vororte: In Wilmersdorf kamen Ende 1900 43 Einwohner auf ein Grundstück, in Friedenau 29, in Schmargendorf 23, in der Villenkolonie Grunewald 11.

Merkstein. Indem die Stadtbahn nach umfassenden Teilen der Stadt einen bis dahin nicht gekannten Verkehr leitete, bot sie der Stadtverwaltung zur Verbesserung des Stadtplanes und zur Beseitigung unzeitgemäßer Stadtviertel vielfach den Anlaß.

Von den zahlreichen damals eingeleiteten bzw. durchgeführten Straßendurchlegungen seien nur genannt: das mit einem Kostenaufwande von 11 Millionen Mark in den Jahren 1877 bis 1887 durchgeführte, einer Baugesellschaft übertragene Straßenunternehmen der Kaiser Wilhelmstraße, sodann die Parallelstraße „An der Stadtbahn“, die Verbreiterung des Mühlendamms, sowie die Durchlegung der Zimmerstraße nach der Königgrätzerstraße. In den nächsten fünf Jahren, d. h. bis 1908, sollen nach einem von den staatlichen Aufsichtsbehörden bereits genehmigten Beschluß der städtischen Körperschaften von einer zur Erweiterung der städtischen Betriebsanlagen und zu sonstigen baulichen Zwecken aufzunehmende Anleihe von 228 Millionen Mk. 36 301 000 Mk. für Straßendurchlegungen und Verbreiterungen verwandt werden, darunter 11·3 Millionen für die Beseitigung des sogenannten „Scheunenviertels“ und 9·9 Millionen für die Verbreiterung der Landsberger Straße.

Von wesentlicher Bedeutung für die Entwickelung der Vororte und Berlins war sodann die 1891 eröffnete neuere Wannseebahn, welche der alten Stammbahn hinzugefügt wurde. Sie verbindet die bedeutenden südwestlichen Vororte und Potsdam mit Berlin und wurde gleich in der Anlage nur für den Nahverkehr gebaut. Außer Ring-, Stadt- und Wannseebahn wurden eine Anzahl kleinerer Linien für den Nahverkehr, teils unter Benutzung der vorhandenen Fernbahnen, eingerichtet, teils neu gebaut (vgl. den Übersichtsplan Abb. 3 a. f. S.).

Die staatliche Verwaltung schuf alle diese Schnellverkehrsmittel in der — wie in dem Werke „Berlin und seine Eisenbahnen“ betont ist — bestimmten Absicht, durch Förderung des Emporblühens der Vororte die Stadt selbst baulich zu entlasten, und in ihr der Wohnungsnot sowie dem Zusammendrängen der Menschen und Häuser Einhalt zu tun.

Die Art der Entwickelung der Vororte, deren Wachstum in hohem Grade von ihrer Lage zu den Vororteisenbahnen bedingt ist, hatte bald erkennen lassen, daß unter den Verhältnissen einer Stadt von der Größe Berlins, Schnellverkehrsmittel, wie nur die Eisenbahnen es sind, für die Entwickelung von Vororten, die zur Entlastung der Stadt mit Erfolg beitragen sollen, die wesentlichste Vorbedingung seien [1]).

Weitere vollspurige Eisenbahnen außer der Stadtbahn durch das überall

---

[1]) Dem Vernehmen nach beschäftigt die Eisenbahnverwaltung zur Zeit die Erwägung über die Einführung von Vorort-Schnellzügen, die von den Interessenvertretungen einzelner Vororte neuerdings angestrebt werden. Auf dem Stadteisenbahnnetz von London und seiner Umgebung verkehren schon seit geraumer Zeit zwischen den bedeutenderen Vororten und den Hauptbahnhöfen der Stadt in größerer Anzahl Vorortzüge ohne Aufenthalt auf den Zwischenstationen. In dem Vorortverkehre Berlins sind bisher nur vereinzelte derartige Verbindungen eingerichtet.

Einen erheblichen Fortschritt würde die Einführung des elektrischen Betriebes für die dem Nahverkehr dienenden Volleisenbahnen Berlins bedeuten, welcher Betrieb für zwei Strecken schon probeweise eingerichtet ist.

dichtbebaute Stadtinnere zu führen, ist wegen der Höhe der Grunderwerbskosten nicht möglich. Um weitere Schnellverkehrsmittel, wie sie für die bauliche Entlastung der Stadt ebenso unerläßlich geworden sind, wie für die Bewältigung des außerordentlich starken Verkehrs zu schaffen, wird

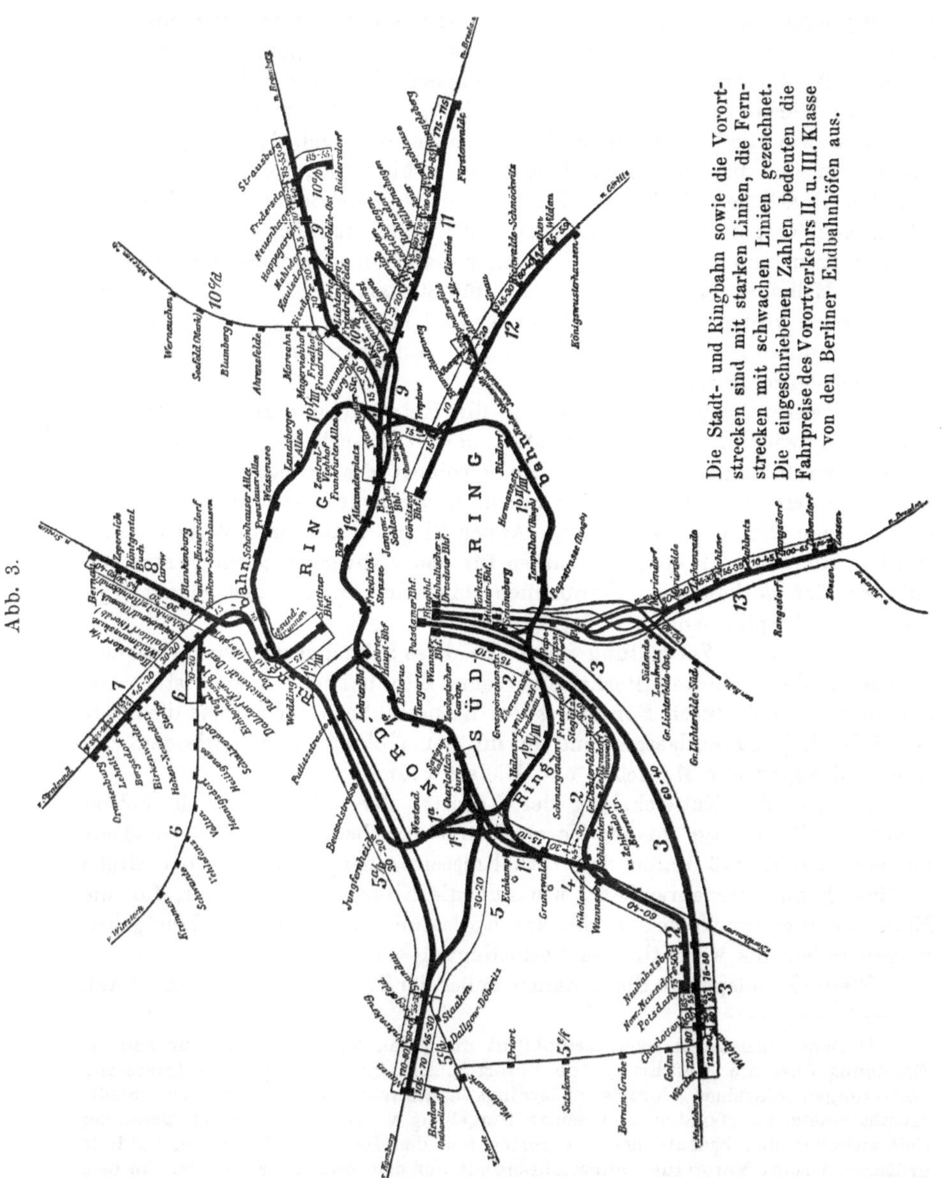

Abb. 3.

Die Stadt- und Ringbahn sowie die Vorortstrecken sind mit starken Linien, die Fernstrecken mit schwachen Linien gezeichnet. Die eingeschriebenen Zahlen bedeuten die Fahrpreise des Vorortverkehrs II. u. III. Klasse von den Berliner Endbahnhöfen aus.

Skizze der Berliner Stadt- und Ring-Eisenbahn, sowie der Vorortstrecken.

man auf den Bau von Untergrund- und Hochbahnen, wie eine solche in der elektrischen Hoch- und Untergrundbahn schon entstanden ist, oder ähnlicher Bahnen, angewiesen sein.

f) Wirkung der ergriffenen Maßnahmen zur Entlastung des Stadtinnern im einzelnen.

An der Hand der Tabelle 14 haben wir feststellen müssen, daß die Bevölkerungsdichtigkeit des Stadtbezirks von Berlin im Gesamtdurchschnitt noch stetig zunimmt. Vergleichen wir diese Zunahmen indessen von Jahrfünft zu Jahrfünft, so sehen wir, daß sie geringer werden. Bei den Zahlen der Bevölkerungsdichtigkeit für die einzelnen Stadtteile sehen wir sogar, daß diese Zahlen für einige Stadtteile abnehmen. Es betrifft dieses die Bezirke des Kernes des Stadtinnern, während die Zahlen der Bevölkerungsdichtigkeit der Außenteile des Stadtbezirks durchweg zunehmen. Diese Abwanderung der Bevölkerung aus dem eigentlichen Berlin — dem Berlin innerhalb der früheren Stadtmauer — nach den Weichbildgrenzen hin hat sich schon 1895 bestimmt bemerkbar gemacht.

Diese Wendung zum Besseren in den Wohnverhältnissen der Stadt, die außer der Einwirkung der erlassenen Baupolizei-Verordnungen eine Anzahl von Ursachen hat, dürfte in der Hauptsache auf die Verbesserung der Verkehrsmittel, auf das Emporblühen der Vororte und auf die größere Anziehungskraft der Wohnungen in den neueren Außenteilen des Stadtbezirkes, welche, der Bauordnung von 1887 gemäß, weiträumiger gebaut sind, zurückzuführen sein.

Abb. 4.

Hinteransicht einer Mietshäuserreihe in Moabit.
Erbaut im Jahre 1895.

Sind die Bevölkerungs- und Wohnverhältnisse Berlins also in der Gesundung begriffen — wozu ja auch die erwähnte rege Tätigkeit auf dem Gebiete der Straßendurchlegungen beiträgt — so sind sie allerdings noch weit davon entfernt, befriedigende zu sein. Dem Mietskasernentum als solchem wurde durch die Baupolizei-Ordnung von 1887 Abbruch nicht getan. Als Bestätigung hierfür diene die dem Werke „Berlin und seine Eisenbahnen", S. 106, entnommene Abb. 4, welche einen Begriff von der nicht seltenen Ausschlachtung von Baugeländen in Berlin gibt.

g) Gestaltung der Vororte im einzelnen und Baupolizei-Ordnung für die Vororte von Berlin von 1892.

Auf die bauliche Gestaltung der Vororte, die wir bei Gelegenheit des Wachstums derselben schon berührt haben, haben die Baupolizeivorschriften einen weitgehenden Einfluß ausgeübt. Hatte die Übertragung der Baupolizei-Ordnung für Berlin selbst von 1887 auf einen größeren Teil der Vororte der gedrängten Bebauung in den letzteren in bedenklicher Weise Vorschub geleistet, bedeutete die Baupolizei-Ordnung für die Vororte von Berlin vom 5. Dezember 1892 eine entschiedene Wendung zum Besseren. Sie ging von dem Grundsatze der „abgestuften" Bebauung aus, wonach der Anbau einer Großstadt und ihrer Umgebungen nach außen hin an Dichtigkeit stetig abnehmen und flacher werden müsse.

Abb. 5.

Wohnhäuser in Groß-Lichterfelde-Ost, Parallel-Straße.
(Landhausgebiet.)
Erbaut nach der Baupolizei-Ordnung für die Vororte von Berlin von 1892.

Diesem Grundsatze gemäß wurde die Umgebung Berlins bezüglich der Art der erlaubten Bebauung in verschiedene Bezirke geteilt. In dem Bezirk, der im wesentlichen das Gebiet bis zur Ringbahn umfaßt, galt die für den Stadtbezirk selbst geltende Bauordnung. In einem weiteren Bezirk durften nur Mietshäuser in beschränkter Höhe (Klasse 1 mit vier, Klasse 2 mit drei Wohngeschossen) errichtet werden, wobei sich die Bezirke Klasse 1 und Klasse 2 dadurch voneinander unterschieden, daß in Klasse 1 Wasserleitung und Kanalisation durchgeführt waren und in Klasse 2 nicht. In einem ferneren Bezirk, der sowohl in Klasse 1 als Klasse 2 fällt, durften nur landhausmäßige Gebäude errichtet werden. Für Kleinbauten (unter 9 m Höhe bis zur Traufe) war eine stärkere Bebauung der Grundstücke — sieben Zehntel — gestattet.

Diesen Vorschriften lag zugleich auch der Gedanke der Bebauung in einem „gemischten" System, einer Durchdringung von mit größeren Stockwerkhäusern besetzten Gebietsteilen und von solchen, die mit Häusern von landhausmäßiger Erscheinung besetzt sind, zugrunde. Die Bezirke legten sich nicht ringförmig umeinander, sondern es war vielfach eine Angliederung der Landhausgebiete an die bereits vorhandenen Ansiedelungen mit Landhausbebauung ins Auge gefaßt worden.

Die Bauvorschriften für die landhausmäßigen Gebiete der Bauordnung von 1892 hatten den Bau von landhausmäßigen Mietshäusern — eines für je eine beschränktere Anzahl von Familien — zunächst im Auge und sollten den Bau solcher Häuser fördern. Abb. 5 zeigt eine Gruppe derartiger Gebäude, in welchen die Bauvorschriften in kennzeichnender Weise zur Erscheinung kommen. Der Ausdruck „landhausmäßige Bebauung" war in der Bauordnung nicht ganz zutreffend gewählt. Die Vorschriften und die reichliche Bemessung des Umfangs dieser landhausmäßig oder besser in offener, flacher Bauweise zu bebauenden Gebiete haben aber auch namentlich für die etwas entfernteren südlichen und südwestlichen Vororte den eigentlichen Einzelhausbau in erheblichem Maße ermöglicht und begünstigt.

Bei Erlaß der neuen Baupolizei-Ordnung ließen sich Härten gegen zahlreiche Grundstücksbesitzer bei Wahrung des Interesses des gefährdeten öffentlichen Wohles nicht vermeiden. Wohl am empfindlichsten waren die Eingriffe in die bestehenden Besitzverhältnisse in denjenigen Vorortbezirken, in denen die Bauordnung von 1887 eingeführt worden war, und für welche nun durch die neuen Bestimmungen die landhausmäßige Bebauung vorgeschrieben wurde. Die Bebaubarkeit in diesen Baugebieten wurde annähernd von zwei Drittel der Gesamtfläche des einzelnen Grundstückes auf drei Zehntel, also etwa um 100 Proz., herabgesetzt.

Der Erlaß der Bauordnung von 1892 hat den wertvollen Anstoß dazu gegeben, daß zahlreiche deutsche Großstädte Bauordnungen nach dem Grundsatze der abgestuften Bebauung für ihre Umgebungen einführten.

h) Die Baupolizei-Verordnung für die Vororte von Berlin vom 21. April 1903.

Seit Erlaß der Bauordnung für die Vororte von Berlin von 1892 hatte infolge veränderter Verkehrsverhältnisse und aus anderen Gründen sich die Besiedelung der Vororte zum Teil anders gestaltet, als bei Erlaß jener Bauordnung angenommen worden war. Obwohl der Anbau auf den zur landhausmäßigen Bebauung ausgewiesenen Gebieten im allgemeinen ein lebhafter gewesen war, waren doch auch einige dieser Gebiete durch die größeren Beschränkungen des Landhausbaues in ihrer Entwickelung gehemmt worden.

Um diesen veränderten Verhältnissen und wohl auch den vielfachen Klagen über allzu weitgehende Einschränkung der Ausnutzbarkeit des Baulandes Rechnung zu tragen, wurde die Bauordnung von 1903 erlassen. Es werden durch diese erhebliche Teile der früher für die Landhausbebauung bestimmten Gebiete der geschlossenen Bebauung mit viergeschossigen Häusern freigegeben.

Der hier eingefügte Übersichtsplan zu den für Berlin und seine Umgebungen zurzeit geltenden Baupolizeiverordnungen zeigt insbesondere auch die Bestimmung der verschiedenen Bebaubarkeit der Gelände, wie sie die Vorortebauordnung von 1903 festgesetzt hat [1]).

Diese neue Bauordnung unterscheidet zwei Hauptgruppen: die geschlossene und die offene Bauweise. Die beiden Bauklassen I und II der Gruppe der geschlossenen Bauweise (Bauart IV des Übersichtsplanes) entsprechen der Klasse I (viergeschossig) und Klasse II (dreigeschossig) der Bauordnung von 1892 und haben gegeneinander wieder eine bewegliche Grenze, je nachdem geregelte Wasserleitung und Kanalisation durchgeführt sind oder nicht. Auf dem Übersichtsplan ist zwischen Klasse I und II der geschlossenen Bauweise kein Unterschied gemacht, sondern es sind beide Klassen in „Bauart IV" (viergeschossig) zusammengefaßt, da angenommen ist, daß mit der beschleunigten Einführung der Kanalisation in den Vororten — die meisten größeren derselben haben schon Kanalisation — der Umfang der Gebiete der Klasse II (dreigeschossig) rasch abnehmen und die Klasse in absehbarer Zeit nahezu belanglos werden wird.

Die offene Bauweise schreibt ein Abbleiben der Neubauten von der Grenze, einen sogenannten Bauwich, und im allgemeinen einen 4 m breiten Vorgartenstreifen vor, um ein Freistehen der Gebäude herbeizuführen, und einen ausgiebigen Luft- und Lichtzutritt sicherzustellen.

Zu der Gruppe der offenen Bauweise gehören die Bauklassen A, B, C und D.

Klasse A umfaßt vier- und dreigeschossige Gebäude, welche, abgesehen von dem hier vorgeschriebenen Bauwich, den Klassen I und II der Gruppe der geschlossenen Bauweise entsprechen.

Klasse B enthält dreigeschossige Bauten. Die Anlage von Wohnräumen im Dach- und im Kellergeschoß ist ausgeschlossen. Die Grundstücke dürfen bis zu vier Zehntel (Eckgrundstücke bis fünf Zehntel) bebaut werden.

Klasse C (Bauart V des Übersichtsplanes) entspricht der landhausmäßigen Bebauung der früheren Bauordnung, schreibt wie diese freistehende Gebäude mit zwei Wohngeschossen vor, und gestattet in den Vordergebäuden die Heranziehung des Dachgeschosses bis zur Hälfte, des Kellergeschosses bis zu drei Viertel zur Anlage von zum dauernden Aufenthalt von Menschen bestimmten Räumen. Der Grundsatz der offenen Bauweise ist nach mehreren Richtungen hin hier noch strenger durchgeführt als in dem bezüglichen Teile der Bauordnung von 1892. So ist der Bau von Doppelhäusern und der Zusammenbau an Eckhäusern an strengere Bedingungen geknüpft bzw. auf Ausnahmefälle eingeschränkt. Abb. 5 (S. 54) stellt die Durchschnittshausform der Klasse C annähernd ebenfalls dar.

Daß die Werbekraft des Gedankens des Landhausbaues und der lockeren Bauweise seit den durch Baugesellschaften erfolgten ersten Berliner Vorortgründungen in der öffentlichen Meinung sehr erstarkt ist, kann man unter anderem daraus ersehen, daß in den Vertretungen der Vorortgemeinden in dem lebhaften Streite für und wider den Landhausbau die Anhänger des letzteren vielfach entschiedene Mehrheiten erlangt haben, und daß vor Erlaß

---

[1]) Karten in größerem Maßstabe zu der Baupolizeiverordnung von 1903 sind bei Straube, Berlin und im Pharus Verlage Berlin erschienen.

Additional material from *Gesundheit und weiträumige Stadtbebauung*,
ISBN 978-3-662-32128-7, is available at http://extras.springer.com

der neuesten Bauordnung zahlreiche Gemeindevorstände, namentlich der westlichen und südwestlichen Vororte, bei der Regierung für Beibehaltung der landhausmäßigen Bebauung nachhaltig durch Eingaben usw. eingetreten sind.

Die Bauklasse D (Bauart IX des Übersichtsplanes) sieht dreigeschossige, mit Bauwich zu errichtende Gebäude vor. Die Bebauung ist bis zu drei Zehntel, bei Eckgrundstücken bis vier Zehntel, zulässig. Der Bezirk dieser Bauklasse umfaßt fern von der Stadt belegene Gebiete, deren stärkere Bebauung für absehbare Zeit im wesentlichen noch nicht in Frage kommt.

Ob durch die Bauordnung von 1903 die mittlere Linie zwischen den Forderungen wirksamen Gesundheitsschutzes und tunlich weiträumiger Bauweise einerseits, und der Forderung der Begünstigung der Erstellung billiger Wohnungen anderseits, eingehalten ist, diese Frage wird nicht so leicht zu entscheiden sein, selbst wenn man voll anerkennt, daß zur Zeit die letztere Forderung und namentlich die Herabdrückung der Wohnungsmieten für Arbeiter und Bewohner mit kleinen Einkommen eine sehr dringliche ist und in Berlin unverweilter Berücksichtigung bedarf. Der Kennzeichnung unserer Stellungnahme zu der voraufgeworfenen Frage möchten wir uns hier im großen und ganzen enthalten, da die Begründung zu weit führen würde.

Die Freigabe von nach der Bauordnung von 1892 für den Landhausbau vorbehaltenen Gebieten für die geschlossene oder die Bebauung mit hohen Stockwerkhäusern durch die neueste Bauordnung ist eine außerordentlich umfassende. Eine erhebliche Anzahl von Vororten, die bisher teilweise oder ganz zum Landhausgebiet gehörten, sind aus letzterem durch die neue Bauordnung ausgeschieden, so Friedenau, Mariendorf (mit Ausnahme von Südende und der Rauhen Berge), Tempelhof (mit Ausnahme des Gutsparkes), Adlershof, Johannistal, Pankow, Dalldorf; ebenso größere Teile von Steglitz, Schmargendorf, Treptow und Grünau.

Die offene, flache Bauweise ist nur einer Anzahl der westlichen und südwestlichen äußeren Vororte, und auch nicht ausschließlich, belassen worden. Es umschließt das Gebiet der diese Bauweise umfassenden Klasse C (Bauart V) zum überwiegend größeren Teil Forstflächen, deren Bebauung für absehbare Zeit als ausgeschlossen anzusehen ist. Mit Berücksichtigung hiervon läßt der Übersichtsplan leicht erkennen, wie außerordentlich das Gebiet der offenen, flachen Bauweise (Bauart V) hinter dem Gebiete der viergeschossigen geschlossenen Bauweise (Bauart IV des Planes) an Bedeutung zurücksteht.

Das letztere Gebiet ist nach dem Zentralblatt der Bauverwaltung 1903, S. 263 39 087 ha groß gegenüber der nur rund 6 300 ha umfassenden Fläche des Berliner Weichbildes. Es umgibt das Gebiet der Bauart IV den aus der Stadt Berlin und ihren inneren Vororten bestehenden Bezirk (Bauart I und II des Planes) in einem fast durchweg geschlossenen Ringe von großer Tiefe. Das viergeschossige Haus in geschlossener Bauweise gibt den äußeren Vororten somit sehr überwiegend das Gepräge.

Bauart VI des Übersichtsplanes betrifft Gebiete von Schöneberg und Rixdorf, in denen viergeschossige Gebäude in geschlossener Bauweise zugelassen sind. Diese Gebiete fallen nicht unter die Vorortebauordnung von 1903.

Die Bauart VII des Planes entspricht der Klasse A und die Bauart VIII der Klasse B dieser Bauordnung. Die Gebiete, für welche die Bauarten VII und VIII festgesetzt sind, treten wegen ihres geringeren Umfanges oder ihrer entfernteren Lage gegen die Gebiete der Bauarten IV und V an Bedeutung zurück.

Die Bauordnung von 1903 hat eine unvermittelte, sehr erhebliche Steigerung der Baulandpreise in den ausgedehnten, für die Bebauung mit hohen Stockwerkshäusern jetzt freigegebenen Teilen der Umgebung Berlins verursacht. Diese Wertsteigerungen kommen allerdings zum Teil ja auch den Gemeinden, in erster Linie aber den Grundstücksbesitzern zugute. Diese Preissteigerungen vereiteln zu einem großen Teile die Herabdrückung der Herstellungskosten der Wohnungen, und beeinträchtigen die Erreichung dieses Hauptzweckes, welchen die neue Bauordnung mit Zulassung dichterer Bebauung und höherer Häuser offenbar im Auge hatte.

In der kurzen Zeit seit Erlaß der Bauordnung von 1892 hat sich das Verständnis für die Notwendigkeit weiträumiger Bebauung auch in den weiteren Kreisen der Bevölkerung erheblich vermehrt[1]). Dieses Verständnis wird allem Anscheine nach sich weiter entsprechend entwickeln. Es kann angenommen werden, daß die öffentliche Meinung mit den Gesichtspunkten, aus denen heraus die Bauordnung von 1892 aufgestellt war, sich in absehbarer Zeit immer mehr befreundet haben würde. Deshalb möchte, bei aller Anerkennung der mancherlei Vorzüge der Bauordnung von 1903, doch vielleicht die Frage aufzuwerfen sein, ob es nicht gebotener gewesen wäre, wenn mit der Freigabe so umfangreicher Teile des bisherigen Landhausgebietes für die Bebauung mit viergeschossigen Häusern, welche Bebauung, wenn einmal durchgeführt, für alle Zeiten eine flachere Bebauung ausschließt, allmählicher vorgegangen worden wäre.

Indessen bemerken wir, daß wir die Zulassung des Baues von Häusern mit drei vollen Wohngeschossen, namentlich freistehenden, in geeigneten Teilen des bisherigen Landhausgebietes sogar in ausgedehnterem Maße, als es die Bauordnung von 1903 vorsieht, für unbedenklich erachtet haben würden. Bauklasse B dieser Bauordnung beschränkt die Ausführung dieser Häuserform nur auf kleine Gebiete. Dieses dreistöckige Haus ohne Keller- und Dachgeschoßwohnungen eignet sich gut für Mietshäuser, auch für solche mit Wohnungen mittlerer Größe.

Wir berühren im folgenden nur noch eine Einzelheit der neuen Bauordnung für die Vororte. Die Bauordnung hat in dem Gebiete der offenen Bauweise aneinanderstoßende Häuser (Reihenhäuser) von mäßiger Höhenentwickelung, ebensowenig wie die Bauordnung von 1892 vorgesehen. Solche Häuser bilden den Hauptbestandteil der englischen Städte, so Londons, sowie meist derjenigen nicht zahlreichen deutschen Städte, wie Bremens, in denen das Wohnen im Eigen- oder Einzelhause überhaupt vorherrschend ist. Diese Reihenhäuser, wenn sie Vor- und Hintergarten und eine mäßige Tiefe haben, erfüllen auch weitgehende Ansprüche in bezug auf den Zutritt von Luft und Licht. Die Herstellungskosten sind im Vergleich zu denen einzelnstehender

[1]) Nach dem Zentralblatt der Bauverwaltung 1903, S. 263 umschließt das Gebiet derjenigen Vorortgemeinden, welche vor Erlaß der Baupolizeiverordnung von 1903 für die Beibehaltung der landhausmäßigen Bauweise bei den Staatsbehörden eingetreten sind, rund 4300 ha.

Einzelwohnhäuser niedrig, da sie nur die Hälfte bis ein Drittel der Grundstücksfläche der letzteren brauchen, und nur zwei freistehende und baulich auszuschmückende Außenseiten haben. Auch die Unterhaltungskosten des nur kleinen Ziergartens eines solchen Reihenhauses sind meist erheblich geringer als diejenigen des von der Straße stets in größerem Umfange sichtbaren Gartens eines einzelstehenden Hauses.

Abb. 6.

Einzelhäuser in Groß-Lichterfelde-Ost, Hobrechtstraße.
Erbaut vor 1892.

Hiernach ist es erklärlich, daß in den am meisten in Betracht kommenden Vororten Berlins, da im Landhausgebiete nur freistehende Häuser zugelassen werden, Einzelwohnhäuser, die auch meist Eigenhäuser sind, im allgemeinen nur für die geringere Zahl von Bewohnern mit größeren Einkommen in Frage kommen. Die gedachten Reihenhäuser würden dagegen von der breiteren Schicht der Einwohner mittlerer Einkommen bewohnt und erworben werden können, was, wie erörtert, von großem Wert wäre. Die Verbreitung der Reihenhäuser würde auch nicht unwesentlich zu der gewollten Herabdrückung der Wohnungspreise im allgemeinen beitragen, da die Mietshäuser von einer größeren Zahl solcher Bewohner entlastet werden würden, denen das Bewohnen eines Reihenhauses, dessen Miete mäßig, ermöglicht werden würde.

Einige Straßen des Vorortes Gr.-Lichterfelde (Ost) bei Berlin, die Mittelstraße, die Hobrechtstraße und zum Teil die Boothstraße, bestehen aus solchen landhausmäßigen, übrigens unter sichtbarer Anlehnung an englische Vorbilder von dem Baumeister R. Hintz erbauten Reihenhäusern. Die auf den Abb. 6 und 8 dargestellten dieser Häuser enthalten zwei Wohngeschosse, und ist der Dachraum zum Teil für Wohnzwecke eingerichtet. Abb. 7 stellt den Lageplan der an der Mittelstraße und an der Hobrechtstraße belegenen beiden Gruppen jener Reihenhäuser dar. Leider hat das Beispiel des

Abb. 7.

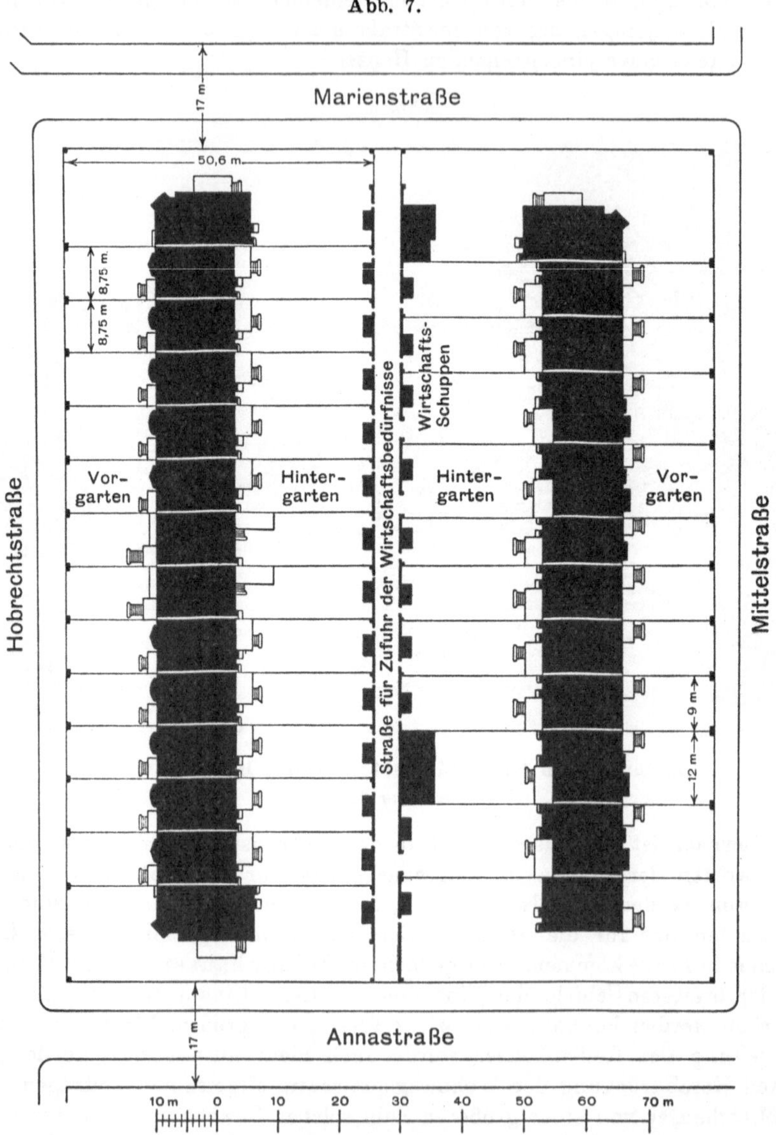

Baublock mit Einzel-Wohnhäusern in Gr.-Lichterfelde.
Erbaut vor 1892. Architekt R. Hintz.

Baues dieser vor 1892 errichteten Häuser unseres Wissens in anderen Vororten Berlins keine Nachfolge gefunden. Es mag das hauptsächlich daran gelegen haben, daß die gedachte Vororte-Bauordnung von 1892 die Errichtung von derartigen Reihenhäusern nahezu ausschloß. Sie gestattete im Landhausgebiete zwar aneinanderstoßende Bauten, aber nur solche von höchstens 9 m Höhe bis zur Traufe (Kleinbauten). Diese Höhe war für die Reihenhäuser der vorbesprochenen Art aber zu gering.

Die Vorschriften für jene Kleinbauten, die eine starke Bebauung der Grundstücksfläche zuließen, hatten wohl vorzugsweise den Bau von Häusern für Arbeiter und kleine Handwerker im Auge. In der Bauordnung von 1903 hat man diese Kleinbauten nicht mehr vorgesehen.

Abb. 8.

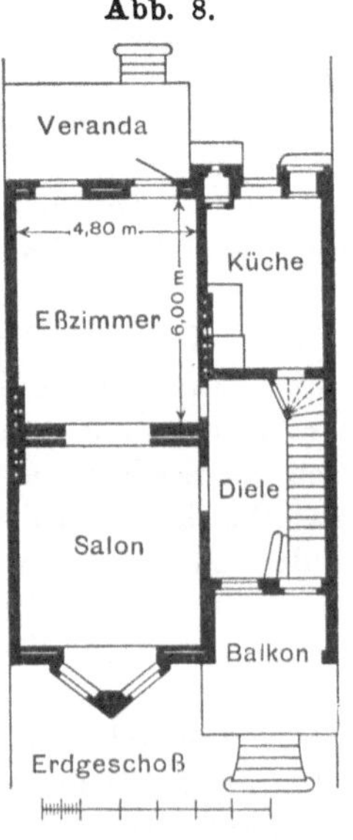

I. Stock: 3 Zimmer und Badezimmer
Dachgeschoß: 1 Zimmer und 1 Kammer

Reihenhaus, Gr.-Lichterfelde, Hobrechtstraße.

i) Die Eingemeindung der Vororte in Berlin.

Als dringlich für die Entwickelung der Vororte und für die Interessen Berlins ist die Lösung der Frage der Eingemeindung der näher gelegenen Vororte zu bezeichnen. Für die Eingemeindung spricht u. a. die wünschenswerte Beseitigung der Schwierigkeiten, die sich bei Ausführung der Gesundheitswerke jetzt stark fühlbar machen. Das Hindurchführen der Leitungen z. B. für die Wasserversorgung und Kanalisation Berlins durch eine Vielheit von anderen Gemeinden ist mit großen Weiterungen verknüpft. Eine einheitliche Ausführung der Gesundheitswerke gleichzeitig für Berlin und die Vororte würde eine außerordentlich große Verminderung der bezüglichen Kostenaufwendungen zur Folge haben. Auch die einheitliche Aufstellung der Bebauungspläne ist dringend erforderlich, will man sich die Gelegenheit zu einer angemessenen städtebaulichen und den Verkehrsrücksichten einer Weltstadt gerecht werdenden Gestaltung der Stadtumgebung nicht noch mehr und für immer entgehen lassen. Wir verweisen auf die eingehendere Darstellung dieses Gegenstandes durch Stadtbaurat Köhn, a. a. O.

Bezüglich der Dringlichkeit der Eingemeindung der Vororte für die Stadt Berlin mit Rücksicht auf besonders hygienische Verhältnisse, z. B. mit Rücksicht auf die Vermeidung der jetzt stets von seiten der oberhalb gelegenen Ortschaften zu befürchtenden Verunreinigung des Spreeflusses durch Krankheitskeime, nehmen wir auf die Ausführungen Spinolas a. a. O. Bezug.

k) Die Parks, die öffentlichen Gärten und Schmuckplätze Berlins, verglichen mit denen von London.

Eingangs dieses Abschnittes ist die Anlage von öffentlichen Gärten und Parks als Mittel zur Durchführung des weitläufigen städtischen Anbaues aufgeführt. Aber auch über diesen Zweck der Beförderung einer lockeren Bebauung hinaus sind diese Anlagen gesundheitliche Einrichtungen der Städte von der größten Wichtigkeit. Pflanzungen verbessern die Luft, regeln ihren Feuchtigkeitsgehalt, schränken die Staubbildung ein und gewähren Schutz gegen die Sommerhitze. Annähernd so wichtig als ihre Wirkung auf die äußere Gesundheit ist ihr wohltuender Einfluß auf das Gemüt.

Parks und öffentliche Gärten sind für die Großstädte die einzigen Stätten, wo der größte Teil ihrer Bewohner mit der Natur überhaupt in Berührung kommt. Man nennt sie die Lungen der größeren Städte. Mehrfach wird von Schriftstellern auch auf den beobachteten erzieherischen und sittenverbessernden Einfluß von öffentlichen Gartenanlagen auf das Volk hingewiesen (Stübben).

Die öffentlichen Gärten Berlins [1]) sind: 1. königliche, 2. staatliche und 3. städtische.

Zu 1. Königliche sind der Monbijougarten (2·80 ha) und der Bellevuegarten (29·60 ha). Der ausgedehnte, dem Publikum bedingt zugängliche Schloßpark in Charlottenburg liegt außerhalb des Stadtgebietes.

Zu 2. Der königliche Tiergarten mit einer Fläche von 259·50 ha, wovon 22·50 ha auf den Zoologischen Garten kommen, ist staatlich. Wegen seiner Ausdehnung und Schönheit, sowie wegen seiner Lage nahe dem Herzen der Stadt ist er mit Recht der Stolz Berlins. Sein Gebiet ist 1890 in das Weichbild Berlins einbezogen worden. Kleinere öffentliche Gärten sind der Lustgarten und das Kastanienwäldchen. Der alte Botanische Garten, für dessen Erhaltung als Park zur Zeit eine lebhafte Bewegung besteht, ist 11 ha groß.

Zu 3. Die Stadt Berlin besitzt fünf größere Parkanlagen: den Friedrichshain (50·50 ha), dessen Anlage 1840 begann, und welcher der erste der von der Stadt geschaffenen Parks ist, den Humboldhain (35 ha), 1876 fertiggestellt, den Viktoriapark (8·50 ha), den außerhalb Berlins gelegenen Treptower Park (93 ha) und den sich daran anschließenden neugeschaffenen Plänterwald (89 ha). Unter städtischer Verwaltung sind der staatliche Kleine Tiergarten (7 ha) und der Invalidenpark (3 ha). Die Gesamtfläche der mehr als hundert mit Anpflanzungen versehenen, innerhalb der Stadt gelegenen Schmuckplätze beträgt 60 ha.

Für die beabsichtigte Herstellung eines Nordparkes auf den Rehbergen an der Müller- und der Seestraße von etwa 25 ha Fläche werden 2·5 Millionen Mark aus städtischen Mitteln zum Grunderwerb erforderlich werden.

Nicht fern der Verwirklichung ist nach Blättermeldungen der Plan der Umwandlung des Grunewaldes (Königl. Spandauer Forst) in einen Volkspark für Berlin [2]), welcher Plan sich der warmen Fürsorge des Kaisers Wilhelm II. erfreut und nur seinem großherzigen Vorgehen zu verdanken ist. Der Park soll sich von Westend im Norden bis zum Wannsee im Süden und von der Linie Schmargendorf-Zehlendorf im Osten bis zu den Havelufern im Westen ausdehnen und eine Fläche von rund 4600 ha umfassen. Der allerdings im Stadtgebiet liegende Wiener Prater ist, wie schon erwähnt, nur 1712 ha groß. Die der westlichen Weichbildgrenze Berlins am nächsten liegenden Teile des Parkes, etwa bei dem Bahnhof Grunewald, werden von dieser Grenze, beim Bahnhof Zoologischer Garten, nur etwa 5·5 km entfernt sein.

Nach Verwirklichung dieses Planes würde wohl keine andere Haupt-

[1]) Vgl. „Berlin und seine Bauten“, a. a. O., Bd. I, S. 48 ff.

[2]) Die Schaffung eines Volksparkes im Grunewald ist von Stadtbaurat Köhn a. a. O. und von dem Forstästhetiker v. Salisch erörtert worden.

stadt Europas einen ähnlich großen, in verhältnismäßiger Nähe der Stadt gelegenen Park aufzuweisen haben. Daß der Park auch an Schönheit hervorragen wird, ist bestimmt zu erwarten. Ein landschaftsgärtnerischer Plan zu dem Park ist bereits aufgestellt, und liegt die gartenkünstlerische und sonstige Fürsorge für die weitere Plangestaltung und spätere Ausführung in den Händen des Königl. Gartendirektors Geitner in Charlottenburg. Dem Vernehmen nach wird der Betrag der voraussichtlichen Kosten der Herstellung der landschaftsgärtnerischen und dazu gehöriger sonstiger Anlagen sich nicht wesentlich höher als etwa 4 Millionen Mark stellen. Es ist zu wünschen, daß durch die entgegenkommende Bereitstellung dieser Mittel seitens der am meisten Beteiligten, in erster Linie wohl der Stadt Berlin, die Herstellung des Parkes völlig gesichert und der alsbaldige Beginn der Herstellungsarbeiten herbeigeführt werde.

Nach den als zutreffend anzunehmenden Angaben Neefes[1]) besaß Berlin an im Besitze des Staates, der Stadt und von Privaten befindlichen, im Stadtgebiete liegenden öffentlichen Park-, Garten- und Schmuckanlagen im Jahre 1897 455 ha. Rechnet man hierzu noch die augenscheinlich in jener Flächenzahl nicht enthaltenen königlichen Gärten, den Monbijou- (2·80 ha) und den Bellevuegarten (29·60 ha), so erhält man die Gesamtfläche von 487·4 ha. Nicht berücksichtigt ist hierbei die Fläche der 79 Berliner Friedhöfe, deren größte allerdings außerhalb des Stadtgebietes liegen, mit dem Gesamtinhalt von 397·60 ha[2]).

Wien — jetzt 17 812 ha in der Weichbildfläche groß — besaß nach Hübners Geogr.-statist. Tabellen von 1899 974 ha, Paris 186 ha öffentliche Parks und Gartenanlagen im Stadtgebiet. Nach derselben Quelle gehörten zum Stadtgebiete von Wien außerdem noch 2319 ha Waldungen. Jedenfalls ist dabei zu letzteren der Prater gerechnet worden. Die Fläche des die Stadtumwallung von Paris enge umfassenden Bois de Boulogne wird, wie schon erwähnt, zu 873 ha angegeben.

Das Stadtgebiet (County) von London[3]) umfaßte im Jahre 1900 folgende Parks und bedeutenderen öffentlichen Schmuckanlagen (open spaces):

11 der Königlichen Verwaltung unterstehende,

92, welche vom Grafschaftsrate unterhalten wurden, und

etwa 120 kleinere (meist unter je 40 ar), welche von den Unterbezirken, Kirchspielen usw. unterhalten wurden.

Die Fläche sämtlicher im Stadtbezirk von London liegender Parks und öffentlicher Gärten betrug 1897/98 2486 ha[4]).

Für Berlin kommen bei 487·4 ha öffentlicher Parks und Gärten und bei 1 755 000 Einwohnern (1897) auf je 1000 Einwohner **0·28 ha**,

für London bei 4 463 000 Einwohnern (1897) und 2486 ha **0·56 ha.**

Für Berlin betragen die der Stadtkasse zufallenden jährlichen Unterhaltungskosten der im Stadtgebiete liegenden öffentlichen Parks,

[1]) Dr. M. Neefe, Statistisches Jahrbuch deutscher Städte 1900.

[2]) „Berlin und seine Bauten", Bd. I, S. 65.

[3]) Die hier angeführten, auf London bezüglichen Zahlenangaben usw. sind, soweit nichts anderes bemerkt, aus „London Statistics", herausgegeben vom County council, Jahrg. 1900/1901, entnommen.

[4]) „London Statistics" 1897/98.

Garten- und Schmuckanlagen (mit Ausschluß der königlichen und staatlichen) 1897 [1]) 357 289 Mk., also auf den Kopf der Bevölkerung **0·20 Mk.**

Für London stellen sich 1897/98 die auf den Grafschaftsrat (96 753 Pfd. Sterl.) und auf die Bezirksbehörden (local authorities) (23 435 Pfd. Sterl.) entfallenden entsprechenden jährlichen Unterhaltungskosten auf 2 451 835 Mk. [2]), also auf den Kopf der Bevölkerung **0·55 Mk.**

Die Kosten, welche für die Herstellung neuer und für die Verbesserung vorhandener Parks, öffentlicher Garten- und Schmuckanlagen — auch der außerhalb des Stadtgebietes belegenen — aus städtischen Mitteln Berlins von 1870 bis 1895 verausgabt sind, wobei die jährlichen städtischen Beiträge von 30 000 Mk. für die Unterhaltung des staatlichen Tiergartens nicht berücksichtigt sind, betragen **6285000 Mk.** [3]).

Der Betrag, der von dem Metropolitan Board of works [4]) und nach diesem (seit 1889) von dem County Council für Parks und öffentliche Gärten bis Ende März 1901 für London verausgabt ist, in welchem Betrage die erheblichen von den local authorities, von Privaten und von der City Corporation aufgebrachten Kostenbeträge nicht enthalten sind, beläuft sich auf 1 459 685 Pfd. Sterl. = **29 777 574 Mk.**

Die englische Gesetzgebung hat sich der Förderung und der Schaffung öffentlicher Parks usw. für London und die anderen Großstädte mit großem Nachdruck angenommen. Seit Mitte des abgelaufenen Jahrhunderts sind eine Anzahl bezüglicher Parlamentsakte zustande gekommen. Durch Gesetz von 1866 wurden die ausgedehnten „Commons“ (Gemeindeländereien) der Hauptstadt der Verwaltung des Board of works unterstellt, und vor den Angriffen der Bauspekulation geschützt. Eine außerordentlich durchgreifende Tätigkeit in der Schaffung von öffentlichen Gärten entfaltete gleich von Beginn seiner Wirksamkeit an der Grafschaftsrat. In den elf Jahren von 1889/90 bis 1900/01 sind allein vom County Council in London (nicht dem Outer-London) annähernd jährlich fünf Parks bzw. größere Schmuckplätze, oder zusammen in jedem Jahre **43·34 ha** Fläche solcher, neugeschaffen worden. Die Gesamtfläche der in London und seinen Vororten belegenen Parks, einschließlich solcher Parks wie Richmondpark, Hampton Court-Park und Epping Forest wird zu 7689 ha [5]) angegeben.

Nach Anführung obiger Zahlen dürfte sich der Hinweis darauf erübrigen, daß die Stadt Berlin bezüglich des Besitzes an öffentlichen Park- und Gartenanlagen sehr hinter London zurücksteht, so rühmenswert die Tätigkeit der Berliner Stadtverwaltung in der Schaffung solcher in den letzten Jahrzehnten auch gewesen ist. Bei dem Vergleich der obigen die Parks usw. betreffen-

---

[1]) Neefe, a. a. O.

[2]) Die Unterhaltungskosten der königlichen Parks sind hier nicht einbegriffen. Die Parks der City Corporation liegen fast nur außerhalb der County.

[3]) „Berlin und seine Bauten“, Bd. 1, S. 64.

[4]) Der Metropolitan Board of works wurde durch die Parlamentsakte von 1855 eingesetzt. Der erste für London — abgesehen von den jetzigen und früheren königlichen und staatlichen Parks — beschlossene größere municipale Park war der Finsburypark. Er wurde schon durch Parlamentsakte von 1857 beschlossen, jedoch erst 1869 fertiggestellt.

[5]) Mulhall, The Dictionary of Statistics 1899.

den Zahlen ist noch der für Berlin ungünstige Umstand zu berücksichtigen, daß die auf einen Einwohner entfallende Stadtfläche für Berlin 33·37 qm und für London 66·6 qm (beides für 1901), wie erwähnt, beträgt [1]).

Am Schlusse dieses Abschnittes, welcher die Mittel der Durchführung der Weiträumigkeit von Städten und bei Stadterweiterungen berührt, bemerken wir, daß es sich hier nur um flüchtige Andeutungen handeln konnte. Eine wirkliche Darstellung dieser Mittel bildet den Hauptteil des Städtebaues und macht eine ausgedehnte Wissenschaft für sich aus. Uns sollte in der Hauptsache in unserem Versuch nur der einleitende Teil des Städtebaues: „Der Zusammenhang der Gesundheit mit der Art der Stadtbebauung und die Herleitung der Notwendigkeit der Weiträumigkeit beim städtischen Anbau“ beschäftigen.

Schlußbetrachtung.

Über den Wert der Gesundheit.

Professor Finkler [2]) sagt: „Eine eigentümliche Sache ist es mit dem Gefühl, daß die Gesundheit eine selbstverständliche Sache sei. Das Gefühl für den Besitz der Gesundheit ist so schwach, daß es für gewöhnlich nicht zum Bewußtsein kommt. Wie wir das Tageslicht, die Luft zur Atmung als selbstverständlich empfinden, ihren positiven Einfluß auf uns selbst nicht merken, so empfinden wir auch nicht bewußt die Gesamtheit der normalen Funktionen; wir wissen sie deshalb auch nicht recht zu schätzen. Erst der Kranke, welchen Schmerzen plagen, der Schwache, der fremde Hilfe in Anspruch nehmen muß, der Sieche, welcher Kraft und Fülle des Körpers schwinden sieht, sehnt sich nach den gesunden Tagen und fleht für die Erreichung jenes hohen Gutes, der Grundbedingung für Arbeit, Erwerb und Zufriedenheit: der Gesundheit.“

Bezüglich der Ermittelung des wirtschaftlichen Wertes des Menschen, welche Ermittelung mit der Betrachtung über den Wert der Gesundheit enge zusammenhängt, führt Finkler den nachstehenden Gedanken des englischen Hygienikers Smith an: „Wer eine kostspielige Maschine aufstellt, der rechnet darauf, daß ihre Leistung das ausgelegte Kapital mit wenigstens dem gewöhnlichen Zinsansatze aufbringt, bevor sie abgenutzt ist. Einer solchen kostspieligen Maschine ist der Mensch vergleichbar, der mit großem Aufwand von Mühe und Zeit zu einem Geschäft erzogen wurde, das besondere Fähigkeit und Geschicklichkeit erfordert. Es wird erwartet, daß die Arbeit, welche er zu verrichten gelernt, ihm außer dem gewöhnlichen Arbeitslohne auch die Kosten seiner Erziehung nebst Zinsen ersetze . . . .“

Professor A. Eulenburg äußert sich nach anderer Richtung in dem vorerwähnten Vortrage: „Nervenhygiene in der Großstadt“: „Das eine

[1]) Eine eingehende und anziehende, mit vielen bildlichen Darstellungen versehene Beschreibung der öffentlichen Parks usw. von London, mit Ausnahme der königlichen, findet man in: J. J. Sexby, The municipal parks, gardens and open spaces of London: Their history and associations. London (Elliot Stock) 1898.

[2]) Drei Vorträge aus dem Gebiete der Hygiene, gehalten im Sitzungssaale des Abgeordnetenhauses von Rubner, Fränkel und Finkler. Leipzig, F. C. W. Vogel, 1895.

muß gerade vom hygienisch-ärztlichen Standpunkte aus betont werden, daß nur in der leiblichen und seelischen Gesundheit die unverrückbare Grundlage alles wirklichen individuellen Glücks und aller Zufriedenheit zu finden ist."

Pettenkofer nimmt in seinen Schriften des öfteren Gelegenheit, über den Wert der Gesundheit zu sprechen. In seinem Vortrage: „Über den Wert der Gesundheit für eine Stadt" [1]) heißt es: „Die Krankheit in Familien kostet nicht bloß Geld durch Versäumnis des Verdienstes, durch Ausgaben für Behandlung und Pflege, sie lähmt auch häufig die Erwerbs- und Leistungsfähigkeit der Nächststehenden durch Seelenschmerz und Teilnahme."

An anderer Stelle sagt er: „Ich habe bisher nur davon gesprochen, was die Menschen durchschnittlich unvermeidlich verlieren, wenn sie krank werden, nicht aber, was sie gewinnen können, wenn sie nicht krank werden, sondern gesund bleiben. Wie viele verlieren hier und da ganz ungewöhnlich viel bloß dadurch, daß sie zu einer gewissen Zeit, unter gewissen Umständen nicht tätig sein, nicht persönlich handelnd auftreten und eingreifen können! In wie vielen Familien hört man oft schmerzlich ausrufen: Wenn damals der Vater oder die Mutter, oder ein anderes handelndes Mitglied der Familie nicht krank gewesen wäre, oder nur noch einige Zeit gelebt hätte, dann wäre dies und jenes geschehen oder nicht geschehen, wodurch der Familie große Vorteile gesichert, oder große Nachteile von ihr abgewandt worden wären. Dieser Wert von Leben und Gesundheit, der Wert der gesteigerten Lebenskraft und einer längeren Lebensdauer entzieht sich jeder Bezifferung . . ."

Über die Bedeutung der Gesundheitspflege für die Größe eines Volkes urteilt Pettenkofer am selben Orte: „Es ist nicht zufällig, was uns überall in der Geschichte der menschlichen Kultur entgegentritt, daß gerade diejenigen Völker, welche einen sehr fördernden und mächtigen Einfluß auf das Ganze ausgeübt haben, immer auch auf die Gesundheit sorgsam geachtet haben. . . . Man könnte die Tätigkeit eines Volkes in gesundheitlicher oder hygienischer Richtung geradezu als einen Maßstab überhaupt für die Größe seiner Fähigkeiten gebrauchen, in der Kulturgeschichte eine Rolle zu spielen."

„Was die Römer für Reinhaltung ihrer Wohnplätze und für Versorgung mit laufendem Wasser getan, erregt noch heutzutage unser gerechtes Erstaunen, selbst in den Überbleibseln und Ruinen, welche wir fast überall noch antreffen, wo einst römische Niederlassungen und Besitzungen waren."

Es dürfte fast überflüssig erscheinen, diesen Auslassungen jener Gewährsmänner unsererseits weiteres hinzuzufügen.

Den durchschlagenden Einfluß, den die durchschnittliche Gesundheit und Körperentwickelung der Männer auf die Wehrfähigkeit eines Volkes und damit auf die Machtstellung, sowie den Bestand eines Staates nach unverrückbaren Naturgesetzen ausüben, brauchen wir nicht weiter zu begründen. Wir haben schon erörtert, wie bedenkliche Unterschiede die Statistik uns bezüglich der Ergiebigkeit der verschiedenen Bevölkerungsteile (ob städtisch-industrielle oder ländliche Bevölkerung) an Militärtauglichen

---

[1]) v. Pettenkofer, Populäre Vorträge. Braunschweig. Dritter Abdruck 1877.

zeigt, und wie verschieden der vorherrschende Gesundheitszustand dieser entsprechenden Bevölkerungsteile ist.

Was sodann die Schätzung des volkswirtschaftlichen Wertes der Gesundheit betrifft, so soll von den zahlreichen, den städtischen und anderen Gemeinwesen zufallenden Ausgaben, welche mit den Gesundheitsverhältnissen zusammenhängen, hier nur auf diejenigen jährlichen Ausgaben kurz eingegangen werden, welche durch den Unterhalt der Kranken, die wegen des Ausfalles des Arbeitsverdienstes sich selbst nicht erhalten können, der Bewohnerschaft einer Stadt usw. erwachsen. Pettenkofer, Finkler u. a. haben diese Ausgaben berechnet und kommen für Städte wie München, Berlin und Wien auf außerordentlich hohe Beträge [1]).

Nach dem vom Kaiserlichen Gesundheitsamte herausgegebenen „Gesundheitsbüchlein" sind die im Deutschen Reiche für 1891 an Krankenverpflegungskosten entstandenen Aufwendungen — nach Verhältnis der von den Krankenkassen an ihre Mitglieder gezahlten Krankheitskosten geschätzt — mit 500 Millionen Mark jährlich nicht zu hoch veranschlagt. Schlägt man zu diesem Betrage noch den Verlust hinzu, der infolge jener Erkrankungen durch Ausfall an Arbeitsleistung entsteht, so erhöht sich die Summe nach Finkler a. a. O. auf 751 Millionen Mark.

Was den Wert der Gesundheit für den Einzelnen und die Familie anlangt, so ist unschwer zu erkennen, wieviel mehr das Gedeihen einer Familie, die Erziehung der Kinder gefördert, und deren äußere Lebensverhältnisse gefestigt werden, wenn die Eltern gesund bleiben und sich eines längeren Lebens erfreuen, als wenn das Gegenteil der Fall ist.

Die leibliche Gesundheit der Eltern geht im allgemeinen mit größerer Sicherheit als Erbteil auf die Kinder über, als erworbene geistige Fähigkeiten dies tun, und als von den Eltern angesammelte äußere Güter von den Kindern im Besitz behauptet werden.

Der erwähnte Smithsche volkswirtschaftliche Vergleich des menschlichen Körpers mit einer Maschine regt auch in bezug auf die Erziehung und Pflege des Einzelmenschen zu der vergleichenden, nicht immer uns mit Befriedigung erfüllenden Überlegung darüber an, mit welcher Sorgfalt der Bau einer Maschine geschieht, wie die besten Metalle und Stoffe zu den einzelnen Teilen ausgewählt, wie immer mehrfache Sicherungsvorrichtungen gegen die Überspannung und das Bersten des Kessels

---

[1]) In der Schrift des Verfassers: „Mitteilungen über die Luft in Versammlungssälen, Schulen und in Räumen für öffentliche Erholung und Belehrung" ist unter der Annahme Pettenkofers, daß auf einen Sterbefall 35 Krankheitsfälle kommen und jeder Krankheitsfall 20 Verpflegungstage verursacht, berechnet, daß das Sinken der Auftausendsterbeziffer für Berlin von 1901 um je 1 pro Mille eine Ersparnis an Krankenverpflegungskosten daselbst um 2632000 Mk. herbeiführen würde. Diese jährliche Aufwendung entspricht, mit 4 Proz. kapitalisiert, einem Kapital von 65·8 Millionen Mark. Beim Sinken der Sterblichkeit um 1 pro Mille brauchten also die Zinsen von diesem Kapital jährlich weniger ausgegeben zu werden. Daß bei der korrekten Sterbeziffer für Berlin (1895) von, wie erwähnt, 26·66 pro Mille eine erhebliche Herabminderung dieser Ziffer durch weitere Ausführung der sogenannten Gesundheitswerke — auch die Durchführung der Weiträumigkeit der Stadtanlage ist ein Gesundheitswerk, und zwar eines ersten Ranges — möglich ist, braucht kaum erwähnt zu werden.

angebracht, wie die genauesten Anweisungen zur Bedienung der Anlage ausgearbeitet, und wie peinlich sauber die Teile der Maschine meist gehalten werden.

Der menschliche Körper wird auch mit einem Musikinstrument und der Geist mit dem Spieler des Instruments zu vergleichen sein. Ebenso wie das Spiel des begabtesten Musikers bei Gebrauch eines auch nur etwas verstimmten Instruments zu keiner Wirkung kommen kann, ebenso werden die hochentwickelten Geistesgaben eines großen Gelehrten, eines bedeutenden Künstlers in der Verwertung eingeschränkt bleiben, wenn die zur Betätigung ihrer Geistesgaben erforderliche Körperfrische und Gesundheit dieser Männer vorzeitig sich vermindern.

Mangelnde Gesundheit macht den Menschen öfter verdrießlich und unliebenswürdig. Sie hindert ihn auch nicht selten daran, hilfsbereit gegen andere zu sein, da die Sorge um sein eigenes Befinden ihn zu sehr beschäftigt. An der Gerechtigkeit festzuhalten, gelingt dem ruhigen Gleichmute des Gesunden eher als dem leicht erregbaren, beweglichen Sinne des körperlich Angegriffenen — selbstredend alles dieses unter sonst gleichen Umständen in Vergleich gezogen. Tapferkeit ist zu einem Teile ein Ausfluß des Bewußtseins der zur Durchführung einer Tat hinlänglichen körperlichen Leistungsfähigkeit und Kraft.

Wenn wir einen Menschen tadeln, da er es an Liebenswürdigkeit, Hilfsbereitschaft, Gerechtigkeit, Tapferkeit fehlen läßt, so tun wir dies, zunächst um bei ihm den Mangel an geistiger Selbstzucht zu rügen, sodann aber auch, um ihm vorzuwerfen — das letztere allerdings meist unbewußt —, daß er es an Erhaltung seiner Gesundheit und körperlichen Leistungsfähigkeit hat fehlen lassen, ohne welche die Betätigung der vorgenannten geistigen Tugenden immerhin erschwert ist.

Von dem in der menschlichen Gesellschaft an bevorzugter Stelle stehenden Manne insbesondere wird es mit Recht verlangt, daß er auch unter schwierigen und bedrohlichen Verhältnissen der besonnenen Überlegung die schnelle, sichere Tat folgen zu lassen weiß. Hierzu gehört nicht allein geistige Zucht, sondern auch Körperzucht und Nervenkraft. Jungen Männern, welche in der Erziehung und Ausbildung für spätere verantwortungsvolle Stellungen des öffentlichen Lebens stehen, wird es daher in Sonderheit obliegen, neben dem Streben nach geistigem Besitz auch auf Ausbildung und Erhaltung der körperlichen Leistungsfähigkeit bedacht zu sein, und es an Leibeszucht nicht fehlen zu lassen.

Von dem Werte, den der Einzelne für die menschliche Gesellschaft darstellt, hängt im allgemeinen auch das ihm im Leben zu teil werdende Maß des äußeren Wohlergehens, der Achtung, des Ansehens, der Ehre ab. Dieser Wert bestimmt sich aber nicht allein aus den Kenntnissen und geistigen Eigenschaften, sondern auch zu einem nicht unerheblichen Teile aus der leiblichen Gesundheit des Menschen.

Literatur.

Rubner, M.: Hygienisches von Stadt und Land. München und Leipzig 1898.

Ballod, C.: Die mittlere Lebensdauer in Stadt und Land; in Schmollers Staats- und sozialwissenschaftlichen Forschungen. Jahrg. 1899. Leipzig.

Hansen, G.: Die drei Bevölkerungsstufen. München 1889.

Hüppe: Handbuch der Hygiene. Berlin 1899.

Finkelnburg: Über den hygienischen Gegensatz zwischen Stadt und Land; im Zentralbl. f. allgem. Gesundheitspflege, Bd. 1. Bonn 1882.

Wasserfuhr, H.: Die Gesundheitsschädlichkeiten der Bevölkerungsdichtigkeit in den modernen Mietshäusern; in der Deutschen Vierteljahrsschrift f. öffentl. Gesundheitspflege. Braunschweig 1886.

Notthaft, A.: Vergleichende Untersuchungen über Turnen und Bewegungsspiele; in der Deutschen Vierteljahrsschrift f. öffentl. Gesundheitspflege. Braunschweig 1898.

Weyl, Th.: Handbuch der Hygiene, Bd. 4: Allgemeine Bau- und Wohnungshygiene. Jena 1896.

Baumeister, R.: Stadterweiterungen in technischer, baupolizeilicher und wirtschaftlicher Beziehung. Berlin 1876.

Dohme, R.: Das englische Haus. Braunschweig 1888.

Stübben, J.: Der Städtebau; im Handbuch der Architektur, 4. Teil, Halbbd. 9. Darmstadt 1890.

Faucher, J.: Die Bewegung für Wohnungsreform; in der Vierteljahrsschrift für Volkswirtschaft u. Kulturgeschichte, Jahrge. 1865 u. 1866. Berlin, bei Herbig.

Die Notwendigkeit weiträumiger Bebauung bei Stadterweiterungen und die rechtlichen und technischen Mittel zu ihrer Durchführung; Bericht über die Tagung des deutschen Vereins f. öffentl. Gesundheitspflege von 1894. Vierteljahrsschrift 1895.

Berlin und seine Eisenbahnen 1846 bis 1896; herausgegeben im Auftrage d. Kgl. preuß. Ministeriums der öffentlichen Arbeiten, Bd. 1. Berlin 1896.

Köhn: Über die Einverleibung der Vororte in Berlin. Berlin, W. Ernst u. Sohn, 1892.

Spinola: Die Eingemeindung der Berliner Vororte, insbesondere ihre hygienische Bedeutung. Hygienische Rundschau, 6. Jahrg. Berlin 1896.

Berlin und seine Bauten. Berlin 1896.

Statistisches Jahrbuch der Stadt Berlin. Berlin 1900.